定期テスト **ズバリ**よくでる 　数学 ｜ 3年 　学校図

JN100885

もくじ

取り外してお使いください　赤シート＋直前チェックBOOK,別冊解答

※全国の定期テストの標準的な出題範囲を示しています。学校の学習進度とあわない場合は、「あなたの学校の出題範囲」欄に出題範囲を書きこんでお使いください。

Step 1 基本チェック · 1 多項式の計算

15分

教科書のたしかめ [ ]に入るものを答えよう！

❶ 式の乗法・除法 ▶ 教 p.14-15 Step 2 ❶

解答欄

□(1) $3x(x+2y)=3x\times[\ x\ ]+3x\times[\ 2y\ ]$
$=[\ 3x^2+6xy\ ]$

(1)

□(2) $(5a-3b)\times(-7b)=[\ -35ab+21b^2\ ]$

(2)

□(3) $(x^2-2xy)\div\dfrac{1}{2}x=(x^2-2xy)\times[\ \dfrac{2}{x}\ ]$

(3)

$=x^2\times[\ \dfrac{2}{x}\ ]-2xy\times[\ \dfrac{2}{x}\ ]$

$=[\ 2x-4y\ ]$

❷ 式の展開 ▶ 教 p.16-17 Step 2 ❷

□(4) $(a+1)(b-2)=[\ ab-2a+b-2\ ]$

(4)

□(5) $(x+3)(2x-4)=[\ 2x^2-4x+6x-12\ ]$

(5)

$=[\ 2x^2+2x-12\ ]$

❸ 乗法公式 ▶ 教 p.18-22 Step 2 ❸-❻

□(6) $(x+1)(x+2)=x^2+([\ 1+2\ ])x+1\times2=[\ x^2+3x+2\ ]$

(6)

□(7) $(x+4)^2=x^2+2\times[\ 4\ ]\times x+4^2=[\ x^2+8x+16\ ]$

(7)

□(8) $(a-9)^2=a^2-2\times[\ 9\ ]\times a+9^2=[\ a^2-18a+81\ ]$

(8)

□(9) $(y+8)(y-8)=[\ y^2\ ]-[\ 8^2\ ]=[\ y^2-64\ ]$

(9)

□(10) $(x+y-6)(x+y+6)$ を展開しなさい。$x+y=X$ とおく。

$(x+y-6)(x+y+6)=[\ (X-6)(X+6)\ ]$

(10)

$=[\ X^2-36\ ]$

$=(x+y)^2-36=[\ x^2+2xy+y^2-36\ ]$

教科書のまとめ ＿＿＿ に入るものを答えよう！

□ 多項式を単項式でわる除法は，式を 分数 の形で表して計算するか，乗法 に直して計算する。

□ 単項式と多項式や，多項式どうしの積の形をした式のかっこをはずして，単項式の和の形で表すことを，もとの式を 展開する という。

□ 乗法公式

❶ $(x+a)(x+b)=$ $x^2+(a+b)x+ab$ …$x+a$ と $x+b$ の積

❷ $(x+a)^2=$ $x^2+2ax+a^2$ …和の平方

❸ $(x-a)^2=$ $x^2-2ax+a^2$ …差の平方

❹ $(x+a)(x-a)=$ x^2-a^2 …和と差の積

□ $(a+b)(c+d)$
$= ac+ad+bc+bd$

2

Step 2 予想問題 ： 1 多項式の計算

1ページ
30分

【式の乗法・除法】

❶ 次の計算をしなさい。

☐(1) $x(x+2)$

☐(2) $(2a-3)\times 2a$

☐(3) $-3x(3x-2)$

☐(4) $(12b+4)\times \dfrac{1}{4}a$

☐(5) $(10x^2+6x)\div 2x$

☐(6) $(9x^2y-6xy^2)\div 3xy$

☐(7) $(6xy-4y^2)\div \dfrac{2}{3}y$

☐(8) $(6a^2-9ab)\div \left(-\dfrac{3}{5}a\right)$

【式の展開】

❷ 次の式を展開しなさい。

☐(1) $(x+4)(y-5)$

☐(2) $(x+3)(x+4)$

☐(3) $(a-1)(a-3)$

☐(4) $(x-8)(x+3)$

☐(5) $(3a+2b)(-4a+3b)$

☐(6) $(x+2y)(x-y+3)$

【乗法公式①】

❸ 乗法公式を使って，次の式を展開しなさい。

☐(1) $(x+2)(x+6)$

☐(2) $(y-3)(y+5)$

☐(3) $(a+3)(a-5)$

☐(4) $(x-4)(x-8)$

☐(5) $(y-8)(y+6)$

☐(6) $(x-3)(x-7)$

☐(7) $\left(x+\dfrac{1}{4}\right)\left(x+\dfrac{1}{6}\right)$

☐(8) $\left(a-\dfrac{2}{3}\right)\left(a+\dfrac{1}{2}\right)$

💡 ヒント

❶
分配法則を使ってかっこをはずします。
$a(b+c)=ab+ac$
$(b+c)a=ab+ac$
(3) $-3x$ の $-$ の符号に注意します。
(5)～(8)わる式を逆数にかえて，乗法に直してから計算します。

 ❌ ミスに注意

(7) $\dfrac{2}{3}y=\dfrac{2y}{3}$ より，

$\dfrac{2}{3}y$ の逆数は $\dfrac{3}{2y}$

です。

❷
$(a+b)(c+d)$
$=ac+ad+bc+bd$
のように展開します。同類項はまとめておきます。

❸
「教科書のまとめ」の乗法公式❶を使います。
$(x+a)(x+b)$
$=x^2+(a+b)x+ab$

【乗法公式②】

❹ 乗法公式を使って，次の式を展開しなさい。

□(1) $(x+2)^2$

□(2) $(a-3)^2$

(　　　　　　)　　　　　　(　　　　　　)

□(3) $(x+3y)^2$

□(4) $\left(y-\dfrac{2}{3}\right)^2$

(　　　　　　)　　　　　　(　　　　　　)

【乗法公式③】

❺ 乗法公式を使って，次の式を展開しなさい。

□(1) $(a+3)(a-3)$

□(2) $(x+4)(x-4)$

(　　　　　　)　　　　　　(　　　　　　)

□(3) $(x+5)(5-x)$

□(4) $\left(y+\dfrac{1}{2}\right)\left(y-\dfrac{1}{2}\right)$

(　　　　　　)　　　　　　(　　　　　　)

【乗法公式④（いろいろな計算）】

❻ 乗法公式を使って，次の式を展開しなさい。

□(1) $(2x+1)(2x+3)$

□(2) $(3a+2)(3a-1)$

(　　　　　　)　　　　　　(　　　　　　)

□(3) $(2a+1)^2$

□(4) $\left(3x-\dfrac{1}{3}\right)^2$

(　　　　　　)　　　　　　(　　　　　　)

□(5) $(3x+2)(3x-2)$

□(6) $(2a+5b)(2a-5b)$

(　　　　　　)　　　　　　(　　　　　　)

□(7) $x^2+(x+3)(x-1)$

□(8) $(y+2)^2-(y+4)(y-4)$

(　　　　　　)　　　　　　(　　　　　　)

□(9) $(2a-3)^2-2(a-1)^2$

□(10) $(x+2y)^2-(x-2y)^2$

(　　　　　　)　　　　　　(　　　　　　)

□(11) $(x-y+3)(x-y+6)$

□(12) $(a+2b-2)(a+2b+5)$

(　　　　　　)　　　　　　(　　　　　　)

💡ヒント

❹

「教科書のまとめ」の乗法公式❷，❸を使います。

$(x+a)^2$
$=x^2+2ax+a^2$
$(x-a)^2$
$=x^2-2ax+a^2$

❺

「教科書のまとめ」の乗法公式❹を使います。

$(x+a)(x-a)=x^2-a^2$

(3) $(x+5)(5-x)$
$=(5+x)(5-x)$

📖テスト得ダネ

$(x+a)(x+b)$
$=x^2+(a+b)x+ab$
で，$b=a$のとき公式
❷，$b=-a$のとき
公式❹になります。

❻

(1)～(6) $2x$，$3a$ などを
1つの文字のように
考え，乗法公式を使
います。

(7)～(10)積の部分をそれ
ぞれ展開してから，
同類項をまとめます。

(11) $x-y=A$ とおいて
みましょう。

(12) $a+2b=A$ とおいて
みましょう。

Step 1 基本チェック ● 2 因数分解／3 式の利用 ⏱ 15分

教科書のたしかめ [ ]に入るものを答えよう！

2 ❶ 因数分解 ▶ 教 p.25-27 Step 2 ❶

解答欄

次の式を因数分解しなさい。

☐(1) $2xy-4x=[\ 2x\ ](y-2)$

(1)

☐(2) $15x^2y-10xy^2-5xy=[\ 5xy\ ]([\ 3x-2y-1\ ])$

(2)

2 ❷ 公式による因数分解 ▶ 教 p.28-31 Step 2 ❷-❺

次の式を因数分解しなさい。

☐(3) $a^2-3a-40=[\ (a+5)(a-8)\ ]$

(3)

☐(4) $x^2+12x+36=[\ (x+6)^2\ ]$

(4)

☐(5) $x^2-18x+81=[\ (x-9)^2\ ]$

(5)

☐(6) $y^2-64=[\ (y+8)(y-8)\ ]$

(6)

☐(7) $3a^2-18ab+24b^2=3([\ a^2-6ab+8b^2\ ])$
$\qquad\qquad =3[\ (a-2b)(a-4b)\ ]$

(7)

☐(8) $(x+y)^2-8(x+y)+15$ の因数分解は $x+y=M$ とおくと，
$(x+y)^2-8(x+y)+15=M^2-8M+15=[\ (M-3)(M-5)\ ]$
$\qquad\qquad\qquad =[\ (x+y-3)(x+y-5)\ ]$

(8)

3 ❶ 式の利用 ▶ 教 p.34-38 Step 2 ❻-❾

☐(9) 連続する2つの奇数の積に1を加えると，偶数の2乗になること
は，次のように示される。
連続する2つの奇数は，n を整数として，$2n-1$，$[\ 2n+1\ ]$と表
されるので，$(2n-1)([\ 2n+1\ ])+1=4n^2-1+1=([\ 2n\ ])^2$

(9)

☐(10) $x=25$，$y=-3$ のとき，次の式の値を求めなさい。
$(x+2y)^2-(x-2y)^2=(x^2+4xy+4y^2)-(x^2-4xy+4y^2)$
$\qquad\qquad\qquad =[\ 8xy\ ]=8\times25\times(-3)=-600$

(10)

☐(11) $27\times33=(30-3)\times(30+3)=[\ 30^2-3^2\ ]=[\ 891\ ]$

(11)

教科書のまとめ ___に入るものを答えよう！

☐ $(x+2)(x+5)=x^2+7x+10$　このとき，$x+2$ と $x+5$ を $x^2+7x+10$ の 因数 という。

☐ 多項式をいくつかの因数の積の形で表すことを，その多項式を 因数分解する という。

☐ 因数分解の公式

❶′ $x^2+(a+b)x+ab=$ $(x+a)(x+b)$ 　　　❷′ $x^2+2ax+a^2=$ $(x+a)^2$

❸′ $x^2-2ax+a^2=$ $(x-a)^2$ 　　　❹′ $x^2-a^2=$ $(x+a)(x-a)$

Step 2 予想問題 ： **2 因数分解／3 式の利用**

1ページ
30分

【因数分解】

❶ 次の多項式の各項に共通な因数を書きなさい。また，この多項式を因数分解しなさい。

□(1) $ax^2 - 3ax + 4a$

　　　　共通な因数（　　　　　），因数分解（　　　　　　）

□(2) $3x^2y - 6xy + 12y$

　　　　共通な因数（　　　　　），因数分解（　　　　　　）

【公式による因数分解①】

❷ 次の式を因数分解しなさい。

□(1) $x^2 + 6x + 5$

□(2) $y^2 + y - 6$

（　　　　　　　）　　　　（　　　　　　　）

□(3) $x^2 - 3x - 18$

□(4) $a^2 - 8a + 15$

（　　　　　　　）　　　　（　　　　　　　）

【公式による因数分解②】

❸ 次の式を因数分解しなさい。

□(1) $x^2 + 8x + 16$

□(2) $y^2 - 10y + 25$

（　　　　　　　）　　　　（　　　　　　　）

□(3) $9x^2 + 6x + 1$

□(4) $x^2 - 4xy + 4y^2$

（　　　　　　　）　　　　（　　　　　　　）

【公式による因数分解③】

❹ 次の式を因数分解しなさい。

□(1) $x^2 - 36$

□(2) $25 - a^2$

（　　　　　　　）　　　　（　　　　　　　）

□(3) $9a^2 - 16b^2$

□(4) $x^2 - \dfrac{y^2}{16}$

（　　　　　　　）　　　　（　　　　　　　）

ヒント

❶
共通な因数が複数個あるときは，それらの積を共通な因数として，書き出します。

❌ **ミスに注意**
かっこの中の式に共通な因数が残らないように注意します。

❷
「教科書のまとめ」の因数分解の公式❶′を使います。
(1)積が5，和が6になる2数を考えます。

📄 **テスト得ダネ**
和が〇，積が△となる2数を見つけるとき，積が△となる数を先に考えます。

❸
「教科書のまとめ」の因数分解の公式❷′，❸′を使います。

❹
「教科書のまとめ」の因数分解の公式❹′を使います。

[解答 ▶ p.2]

【公式による因数分解④】

❺ 次の式を因数分解しなさい。

□(1) $2x^2y-32y$　　　　　□(2) $4a^2-4a-8$

（　　　　　　　）　　　　（　　　　　　　）

□(3) $(x+y)^2-2(x+y)-24$　□(4) $ax+2x-a-2$

（　　　　　　　）　　　　（　　　　　　　）

💡ヒント

❺
(1)(2)共通な因数をかっこの外にくくり出して，因数分解します。
(3)$x+y=A$とおきます。
(4)xをふくむ項とふくまない項に分けます。

1章

【式の利用①】

❻ 連続する 3 つの整数で，中央の数が 3 の倍数のとき，大きい方の数
□ の 2 乗と小さい方の数の 2 乗の差は，中央の数の 4 倍になることを
証明しなさい。

❻
中央の数を $3n$ として，他の 2 つの数を n を使って表します。

【式の利用②】

❼ $x=26$ のとき，$(5-x)(5+x)+(x+3)(x-7)$ の値を求めなさい。
□

（　　　　　　　）

❼
📖 テスト得ダネ
式の値を求める問題は，よく出題されます。いきなり代入せず，式を変形してから，代入しましょう。

【式の利用③】

❽ 式の展開や因数分解を使って，次の計算をしなさい。

□(1) 28×32　　　　　□(2) 51^2

（　　　　　　　）　　　　（　　　　　　　）

□(3) 295^2　　　　　　□(4) 26^2-24^2

（　　　　　　　）　　　　（　　　　　　　）

❽
乗法公式や因数分解の公式を使うと，簡単に計算できるようになります。

【式の利用④】

❾ 右の図のように，縦 bm，横 cm の長方形の池の周囲に，幅 am の
道があります。この道の中央を通る線全体の長さ
を ℓm，道の面積を Sm² として，次の問いに答
えなさい。

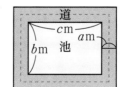

□(1) ℓ を，a，b，c を使って表しなさい。

（　　　　　　　）

□(2) $S=a\ell$ であることを証明しなさい。

❾
(1)中央を通る線でつくられる長方形の，縦は $(b+a)$m横は $(c+a)$m です。
(2)道の面積は，もっとも大きい長方形の面積から池の面積をひいて求めます。

Step 3 予想テスト ・ **1章 式の計算**

30分 ／100点 目標 80点

❶ 次の計算をしなさい。知 　　　　　　　　　　　　　　　12点(各3点)

☐(1) $3x(x-2)$

☐(2) $(3a-2b)\times(-2b)$

☐(3) $(16xy-12y^2)\div(-4y)$

☐(4) $(5ab+3b)\div\dfrac{1}{3}b$

❷ 次の式を展開しなさい。知 　　　　　　　　　　　　　　16点(各4点)

☐(1) $(x+2)(x-7)$

☐(2) $(a+2)(2a+1)$

☐(3) $(5x+2y)(5x-2y)$

☐(4) $(2a-3)^2$

❸ 次の計算をしなさい。知 　　　　　　　　　　　　　　　8点(各4点)

☐(1) $(x-2)^2+2x(x+3)$

☐(2) $(a+3)(a+5)-2(a+4)(a-4)$

❹ 次の式を因数分解しなさい。知 　　　　　　　　　　　24点(各4点)

☐(1) $6x^2y+4xy^2$

☐(2) $x^2-4x-12$

☐(3) $49-x^2$

☐(4) $9a^2-24ab+16b^2$

☐(5) $(x+2)^2-2(x+2)-3$

☐(6) $xy+2x+y+2$

❺ 乗法公式や因数分解を利用して，次の計算をしなさい。知 　　12点(各4点)

☐(1) 96×104

☐(2) 43^2-37^2

☐(3) 102^2

❻ 一の位が 0 でない 2 けたの自然数を A とします。A の一の位の数と十の位の数を入れかえてできる 2 けたの数を B とします。次の問いに答えなさい。考　　12点((1)完答，各6点)

□(1)　A の十の位の数を a，一の位の数を b とするとき，A，B をそれぞれ，a，b を使って表しなさい。

□(2)　A^2 と B^2 の差が 11 の倍数になることを証明しなさい。

❼ 連続する 3 つの整数のまん中の数の 2 乗から 1 をひくと，残りの 2 数の積に等しくなります。
□ このことを証明しなさい。考　　10点

❽ $x=7$，$y=4$ のとき，$(x-3y)(x+3y)-(x+y)(x-9y)$ の値を求めなさい。考　　6点
□

❶	(1)	(2)	(3)	(4)
❷	(1)	(2)	(3)	(4)
❸	(1)	(2)		
❹	(1)	(2)	(3)	
	(4)	(5)	(6)	
❺	(1)	(2)	(3)	
❻	(1)$A=$　　　　　，$B=$			
	(2)			
❼				
❽				

❶　／12点　❷　／16点　❸　／8点　❹　／24点　❺　／12点　❻　／12点　❼　／10点　❽　／6点　[解答▶p.4]　9

Step 1 基本チェック | 1 平方根

15分

教科書のたしかめ [ ]に入るものを答えよう！

❶ 平方根 ▶教 p.46-49 Step 2 ❶-❹

解答欄

□(1) 25 の平方根は[5]と[−5]である。

(1) /

□(2) $\dfrac{36}{49}$ の平方根は[$\dfrac{6}{7}$]と[$-\dfrac{6}{7}$]である。

(2) /

□(3) 6 の平方根を根号を使って表すと，[$\sqrt{6}$]と[$-\sqrt{6}$]

(3) /

□(4) $\sqrt{121}=\sqrt{11^2}=$[11]，$-\sqrt{64}=-\sqrt{8^2}=$[−8]

(4) /

□(5) $(\sqrt{3})^2=$[3]，$(-\sqrt{15})^2=$[15]，$(\sqrt{36})^2=$[36]

(5) /

❷ 平方根の大小 ▶教 p.50-51 Step 2 ❺

□(6) $\sqrt{11}$ と $\sqrt{15}$ の大小を，不等号を使って表すと，$\sqrt{11}$[<]$\sqrt{15}$

(6) /

□(7) 5 と $\sqrt{23}$ の大小は，$5=\sqrt{5^2}=\sqrt{25}$，$25>23$ であるから，

[5]>[$\sqrt{23}$]

(7) /

□(8) $-\sqrt{0.1}$ と -0.1 の大小は，$0.1=\sqrt{0.1^2}=\sqrt{0.01}$ であるから，

[$-\sqrt{0.1}$]<[-0.1]

(8) /

❸ 有理数と無理数 ▶教 p.52-53 Step 2 ❻❼

□(9) 2，0.5 を分数で表すと，それぞれ[$\dfrac{2}{1}$]，[$\dfrac{1}{2}$]

(9) /

□(10) $\sqrt{2}$，$\sqrt{36}$，$\sqrt{7}$，π，$\sqrt{0.01}$ の中から，無理数をすべて選ぶと，

[$\sqrt{2}$，$\sqrt{7}$，π]

(10)

□(11) $\dfrac{3}{5}$，$\dfrac{1}{9}$，$\dfrac{1}{4}$ を小数で表したとき，循環小数になるのは，[$\dfrac{1}{9}$]

(11)

教科書のまとめ ___ に入るものを答えよう！

□ $x^2=a$ であるとき，x を a の 平方根 という。

□ 長さや重さなどを測定したとき，真の値と多少のちがいがあっても，それに近い値が得られる。
このように，真の値に近い値を 近似値 という。

□ 正の数の平方根は正，負の 2 つあり，その 絶対値 は等しい。0 の平方根は 0 だけである。

□ a が正の数のとき，a の正の平方根を $\sqrt{a}$，負の平方根を $-\sqrt{a}$ と表す。記号 $\sqrt{}$ を 根号 といい，$\sqrt{a}$ を「ルート a」と読む。

□ a，b が正の数のとき，$a<b$ ならば $\sqrt{a}$ < $\sqrt{b}$

□ m を整数，n を 0 でない整数とするとき，$\dfrac{m}{n}$ のように，分数で表すことができる数を

有理数 といい，$\sqrt{2}$ などのように，分数で表すことができない数を 無理数 という。

□ 分数（整数以外の有理数）を小数で表すと，有限 小数か循環小数になる。

Step 2 予想問題 ● 1 平方根

1ページ
30分

ヒント

【平方根①】

❶ 次の数の平方根を求めなさい。平方根がないときは，× を書きなさい。

☐(1) 49　　　　　☐(2) 0　　　　　☐(3) 1

(　　　　)　　　(　　　　)　　　(　　　　)

☐(4) −9　　　　☐(5) $\dfrac{9}{16}$　　　☐(6) 0.36

(　　　　)　　　(　　　　)　　　(　　　　)

❶
$x^2 = a$ のとき，x を a の平方根といいます。

⊗ ミスに注意

$b > 0$ のとき，
$x^2 = -b^2$ の平方根
を，$-b$ とするのは
誤りです。2乗して
負になる数はないの
で注意しましょう。

【平方根②】

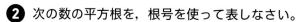

❷ 次の数の平方根を，根号を使って表しなさい。

☐(1) 5　　　　　☐(2) 13　　　　☐(3) 0.6

(　　　　)　　　(　　　　)　　　(　　　　)

☐(4) 2.4　　　　☐(5) $\dfrac{3}{5}$　　　☐(6) $\dfrac{7}{3}$

(　　　　)　　　(　　　　)　　　(　　　　)

❷
$\sqrt{}$ を使って，正と負の
平方根を表します。
a が正の数のとき，a
の平方根は，正の方を
$\sqrt{a}$，負の方を $-\sqrt{a}$
と表します。

【平方根③】

❸ 次の数を，根号を使わずに表しなさい。

☐(1) $\sqrt{9}$　　　　☐(2) $-\sqrt{16}$　　　☐(3) $\sqrt{0.25}$

(　　　　)　　　(　　　　)　　　(　　　　)

☐(4) $\sqrt{\dfrac{16}{25}}$　　　☐(5) $-\sqrt{\dfrac{1}{49}}$　　☐(6) $\sqrt{(-8)^2}$

(　　　　)　　　(　　　　)　　　(　　　　)

❸
(1) $\sqrt{9}$ は，9 の平方根
の正の方です。
$9 = 3^2$
(4) $\sqrt{\dfrac{16}{25}} = \sqrt{\left(\dfrac{4}{5}\right)^2}$

【平方根④】

❹ 次の数を求めなさい。

☐(1) $\left(\sqrt{3}\right)^2$　　　☐(2) $\left(-\sqrt{7}\right)^2$　　☐(3) $\left(\sqrt{0.4}\right)^2$

(　　　　)　　　(　　　　)　　　(　　　　)

☐(4) $\left(-\sqrt{5}\right)^2$　　☐(5) $\left(\sqrt{\dfrac{3}{5}}\right)^2$　　☐(6) $\left(-\sqrt{\dfrac{1}{2}}\right)^2$

(　　　　)　　　(　　　　)　　　(　　　　)

❹
a を正の数とするとき，
$\left(\sqrt{a}\right)^2 = a$
$\left(-\sqrt{a}\right)^2 = a$
(2) $\left(-\sqrt{7}\right)^2$
$= \left(-\sqrt{7}\right) \times \left(-\sqrt{7}\right)$

【平方根の大小】

❺ 次の各組の数の大小を，不等号を使って表しなさい。

□(1)　$\sqrt{13}$，$\sqrt{15}$　　　　　　　　□(2)　$-\sqrt{5}$，$-\sqrt{6}$

（　　　　　　　）　　　　　　（　　　　　　　）

□(3)　$\sqrt{170}$，13　　　　　　　　□(4)　5，4，$\sqrt{20}$

（　　　　　　　）　　　　　　（　　　　　　　）

□(5)　8，$\sqrt{63}$，$\sqrt{65}$　　　　　　□(6)　$-\sqrt{3}$，-2，$-\sqrt{\dfrac{1}{2}}$

（　　　　　　　）　　　　　　（　　　　　　　）

【有理数と無理数①】

❻ 次の数を有理数と無理数に分けなさい。

$\dfrac{9}{5}$，　　　0.03，　　　$\sqrt{5}$，　　　$\sqrt{16}$，　　　$-\sqrt{3}$，　　　$\sqrt{\dfrac{49}{9}}$

有理数（　　　　　　　　　　），無理数（　　　　　　　　　　）

【有理数と無理数②】

❼ 次の問いに答えなさい。

□(1)　$\dfrac{4}{11}$ を小数で表したとき，循環する数字の並びを書きなさい。

（　　　　　　　）

□(2)　次の数を小数で表したとき，

　　　A：有限小数，B：循環小数，C：循環しない無限小数

　に分けなさい。ただし，π は円周率である。

$\dfrac{3}{5}$，　　π，　　$\dfrac{1}{9}$，　　$\sqrt{2}$，　　$\dfrac{3}{4}$，　　$\dfrac{7}{15}$

A（　　　　　　），B（　　　　　　），C（　　　　　　）

❺
a，b が正の数のとき，
$a < b$ ならば，
$\sqrt{a} < \sqrt{b}$ となります。
(3) $\sqrt{13^2}$ を考えます。
(4) $\sqrt{5^2}$，$\sqrt{4^2}$ を考えます。
(5) $\sqrt{8^2}$ を考えます。

❻
有理数は分数で表すことができる数で，無理数は分数で表すことができない数です。

❸｜ミスに注意
根号がついていても，無理数とはかぎらないことに注意しましょう。たとえば，
$\sqrt{\dfrac{1}{4}} = \dfrac{1}{2}$ だから，
$\sqrt{\dfrac{1}{4}}$ は有理数です。

❼
(1) $4 \div 11$ を計算します。
(2) π は円周率で，無理数です。

［解答 ▶ p.5］

Step 1 基本チェック ▸ 2 根号をふくむ式の計算

15分

教科書のたしかめ [ ]に入るものを答えよう！

❶ 根号をふくむ式の乗法・除法 ▶ 教 p.55-59 Step 2 ❶-❺

解答欄

☐(1) $\sqrt{6} \times \sqrt{7} = [\ \sqrt{42}\ ]$

(1) ＿＿＿＿

☐(2) $\sqrt{2} \times (-\sqrt{18}) = [\ -\sqrt{36}\ ] = [\ -6\ ]$

(2) ＿＿＿＿

☐(3) $\sqrt{12} \div \sqrt{2} = [\ \sqrt{\dfrac{12}{2}}\ ] = [\ \sqrt{6}\ ]$

(3) ＿＿＿＿

☐(4) $6\sqrt{2}$ を $\sqrt{a}$ の形に直すと，$6\sqrt{2} = [\ \sqrt{6^2 \times 2}\ ] = [\ \sqrt{72}\ ]$

(4) ＿＿＿＿

☐(5) $\sqrt{90} = \sqrt{9 \times 10} = [\ \sqrt{9}\ ] \times \sqrt{10} = [\ 3\sqrt{10}\ ]$

(5) ＿＿＿＿

☐(6) $\sqrt{12} \times \sqrt{40} = 2\sqrt{3} \times [\ 2\sqrt{10}\ ] = [\ 4\sqrt{30}\ ]$

(6) ＿＿＿＿

☐(7) $\dfrac{5}{2\sqrt{5}} = \dfrac{5 \times [\ \sqrt{5}\ ]}{2\sqrt{5} \times \sqrt{5}} = \dfrac{5\sqrt{5}}{10} = [\ \dfrac{\sqrt{5}}{2}\ ]$

(7) ＿＿＿＿

☐(8) $\sqrt{2} = 1.414$ として，$\sqrt{20000} = [\ 100\ ]\sqrt{2} = [\ 141.4\ ]$

(8) ＿＿＿＿

❷ 根号をふくむ式の加法・減法 ▶ 教 p.60-63 Step 2 ❻-❽

☐(9) $7\sqrt{2} + 5\sqrt{5} - 2\sqrt{2} - 3\sqrt{5} = [\ 5\sqrt{2} + 2\sqrt{5}\ ]$

(9) ＿＿＿＿

☐(10) $\sqrt{48} - \sqrt{27} + \sqrt{3} = 4\sqrt{3} - [\ 3\sqrt{3}\ ] + \sqrt{3} = [\ 2\sqrt{3}\ ]$

(10) ＿＿＿＿

☐(11) $\sqrt{3} + \dfrac{6}{\sqrt{3}} = \sqrt{3} + \dfrac{[\ 6 \times \sqrt{3}\ ]}{\sqrt{3} \times \sqrt{3}} = \sqrt{3} + \dfrac{6\sqrt{3}}{3} = [\ 3\sqrt{3}\ ]$

(11) ＿＿＿＿

☐(12) $(\sqrt{2} + \sqrt{5})^2 = 2 + [\ 2\sqrt{10}\ ] + 5 = [\ 7 + 2\sqrt{10}\ ]$

(12) ＿＿＿＿

☐(13) $x = 1 + \sqrt{5}$，$y = 1 - \sqrt{5}$ のとき，$x^2 - y^2$ の値を求めなさい。

$x^2 - y^2 = [\ (x+y)(x-y)\ ] = 2 \times [\ 2\sqrt{5}\ ] = [\ 4\sqrt{5}\ ]$

(13) ＿＿＿＿

❸ 平方根の利用 ▶ 教 p.64-65 Step 2 ❾

☐(14) 右の図で，正方形 ABCD の面積は，

$\left(3 \times 3 \times \dfrac{1}{2}\right) \times 4 = [\ 18\ ]\text{cm}^2$ だから，

1辺 3cm の正方形の対角線 AD の長さは，

$\text{AD} = [\ \sqrt{18}\ ] = [\ 3\sqrt{2}\ ]\text{cm}$

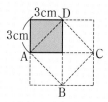

(14) ＿＿＿＿

教科書のまとめ ＿＿＿に入るものを答えよう！

☐ **根号をふくむ数の積と商** a，b が正の数のとき，$\sqrt{a} \times \sqrt{b} = \sqrt{ab}$，$\dfrac{\sqrt{a}}{\sqrt{b}} = \sqrt{\dfrac{a}{b}}$

☐ a，b が正の数のとき，$a\sqrt{b} = \sqrt{a^2 b}$，$\sqrt{a^2 b} = a\sqrt{b}$

☐ 分母に根号をふくまない形に直すことを，分母を 有理化する という。

☐ 根号の中が同じ数のときは，分配法則 を使って簡単にすることができる。

☐ **根号をふくむ式の計算** 分配法則 や 乗法公式 を使って計算する。

Step 2 予想問題 ： 2 根号をふくむ式の計算

1ページ
30分

【根号をふくむ式の乗法・除法①】

❶ 次の数を $\sqrt{a}$ の形に直しなさい。

☐(1) $5\sqrt{2}$　　　　☐(2) $3\sqrt{3}$　　　　☐(3) $-2\sqrt{5}$

(　　　　)　　　　(　　　　)　　　　(　　　　)

【根号をふくむ式の乗法・除法②】

❷ 次の数を $a\sqrt{b}$ の形に直しなさい。

☐(1) $\sqrt{45}$　　　　☐(2) $\sqrt{72}$　　　　☐(3) $\sqrt{800}$

(　　　　)　　　　(　　　　)　　　　(　　　　)

【根号をふくむ式の乗法・除法③】

❸ 次の数の分母を有理化しなさい。

☐(1) $\dfrac{\sqrt{3}}{\sqrt{5}}$　　　　☐(2) $\dfrac{\sqrt{2}}{4\sqrt{3}}$　　　　☐(3) $\dfrac{9}{\sqrt{18}}$

(　　　　)　　　　(　　　　)　　　　(　　　　)

【根号をふくむ式の乗法・除法④】

❹ 次の計算をしなさい。

☐(1) $\sqrt{2}\times\sqrt{7}$　　　☐(2) $\sqrt{7}\times\sqrt{11}$　　　☐(3) $2\sqrt{3}\times\sqrt{5}$

(　　　　)　　　　(　　　　)　　　　(　　　　)

☐(4) $3\sqrt{2}\times\sqrt{14}$　☐(5) $4\sqrt{3}\times(-3\sqrt{6})$ ☐(6) $\sqrt{15}\div\sqrt{3}$

(　　　　)　　　　(　　　　)　　　　(　　　　)

☐(7) $7\sqrt{35}\div\sqrt{5}$　☐(8) $(-15\sqrt{5})\div5\sqrt{2}$ ☐(9) $\dfrac{3\sqrt{2}}{4}\div\dfrac{9\sqrt{6}}{16}$

(　　　　)　　　　(　　　　)　　　　(　　　　)

【根号をふくむ式の乗法・除法⑤】

❺ $\sqrt{2}=1.414$，$\sqrt{20}=4.472$として，次の数の近似値を求めなさい。

☐(1) $\sqrt{200}$　(　　　　)　☐(2) $\sqrt{2000}$　(　　　　)

☐(3) $\sqrt{0.2}$　(　　　　)　☐(4) $\sqrt{0.02}$　(　　　　)

　　　　　　　　　　　　　　　　　　　　　　　　[解答 ▶ p.6]

---

❶ヒント

❶
$a\sqrt{b}=\sqrt{a^2b}$ です。

(3) $-$ の符号は，根号の
外に残しておきます。

❷
$\sqrt{a^2b}=a\sqrt{b}$ です。

📋テスト得ダネ
根号の中を，ある数
の2乗との積の形で
表せるようにするこ
とがポイントです。

❸
分母に根号をふくむ数
では，分母と分子に同
じ数をかけて，分母に
根号をふくまない形に
直します。

❹
$\sqrt{a}\times\sqrt{b}=\sqrt{ab}$，
$\sqrt{a}\div\sqrt{b}=\dfrac{\sqrt{a}}{\sqrt{b}}$
　　　　$=\sqrt{\dfrac{a}{b}}$
です。根号の中の数は，
できるだけ小さい自然
数にしておきます。
分母に根号をふくむ数
は，分母を有理化して
おきましょう。

❺
小数点の位置から2け
たごとに区切って考え
ます。

【根号をふくむ式の加法・減法①】

❻ 次の計算をしなさい。

□(1) $3\sqrt{2}+5\sqrt{2}$

□(2) $7\sqrt{3}-2\sqrt{3}+\sqrt{3}$

□(3) $\sqrt{24}-5\sqrt{3}+\sqrt{27}-2\sqrt{6}$

□(4) $\dfrac{3}{\sqrt{10}}-\sqrt{\dfrac{2}{5}}$

【根号をふくむ式の加法・減法②】

❼ 次の計算をしなさい。

□(1) $\sqrt{3}(5-2\sqrt{3})$

□(2) $(\sqrt{27}+\sqrt{12})\div\sqrt{3}$

□(3) $(3+2\sqrt{3})(3-\sqrt{3})$

□(4) $(\sqrt{5}+2)(\sqrt{5}-3)$

□(5) $(3\sqrt{2}+2\sqrt{3})^2$

□(6) $(\sqrt{11}+\sqrt{7})(\sqrt{11}-\sqrt{7})$

□(7) $(2\sqrt{5}+3\sqrt{2})(2\sqrt{5}-3\sqrt{2})$

□(8) $(\sqrt{6}+\sqrt{2})^2-(\sqrt{6}-\sqrt{2})^2$

【根号をふくむ式の加法・減法③】

❽ $x=5+3\sqrt{2}$ ，$y=5-3\sqrt{2}$ のとき，次の式の値を求めなさい。

□(1) $x-y$

□(2) xy

□(3) x^2+xy+y^2

【平方根の利用】

❾ 右の図で，正方形㋐，㋒の面積は $8\,\mathrm{cm}^2$，正方形㋑の面積は $4\,\mathrm{cm}^2$ です。次の面積を求めなさい。

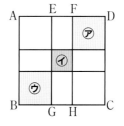

□(1) 長方形 EGHF

□(2) 正方形 ABCD

❻

(3)根号の中ができるだけ小さい自然数になるように変形してから計算します。

(4)分母を有理化してから計算します。

❎ | ミスに注意

$2\sqrt{3}+3\sqrt{3}$
$=(2+3)\sqrt{3+3}$
$=5\sqrt{6}$

としてはいけません。

❼

分配法則や乗法公式を使って，かっこをはずします。

❽

(3)$(x-y)^2$をふくむ式に変形すれば，(1)，(2)の結果が使えます。式を変形してから，数値を代入することがポイントです。

❾

正方形㋐，㋑，㋒の1辺の長さをそれぞれ求めましょう。

Step 3 予想テスト ● **2章 平方根**

30分 目標 80点 / 100点

❶ 次の数の平方根を求めなさい。知　　　　　　　　　　　　　　8点(各2点)

☐(1)　64　　　　　☐(2)　0　　　　　☐(3)　0.04　　　　　☐(4)　$\dfrac{25}{36}$

❷ 次のことがらが正しければ○を書きなさい。誤りであれば，下線部を正しく書き直しなさい。

知　12点(各3点)

☐(1)　$\sqrt{(-3)^2} = \underline{-3}$ である。　　　　☐(2)　$-\sqrt{13}$ は $-\sqrt{14}$ より $\underline{小さい}$ 。

☐(3)　$\left(-\sqrt{5}\right)^2 = \underline{5}$ である。　　　　☐(4)　$2\sqrt{3} + 5\sqrt{3} = \underline{7\sqrt{6}}$ である。

❸ 次の各組の数の大小を，不等号を使って表しなさい。考　　　　　9点(各3点)

☐(1)　$5\sqrt{3}$, 8　　　☐(2)　$\dfrac{1}{\sqrt{3}}$, $\dfrac{1}{\sqrt{5}}$　　　☐(3)　$\dfrac{2}{5}$, $\dfrac{\sqrt{2}}{5}$, $\dfrac{2}{\sqrt{5}}$

❹ $\sqrt{1.5} = 1.225$，$\sqrt{15} = 3.873$ として，次の数の近似値を求めなさい。知　　8点(各2点)

☐(1)　$\sqrt{150}$　　　　　　　　　　☐(2)　$\sqrt{1500}$

☐(3)　$\sqrt{0.15}$　　　　　　　　　　☐(4)　$\sqrt{0.015}$

❺ 次の計算をしなさい。知　　　　　　　　　　　　　　　　30点(各3点)

☐(1)　$2\sqrt{3} \times \sqrt{21}$　　　　　　　☐(2)　$\dfrac{\sqrt{3}}{4} \div \dfrac{\sqrt{2}}{3}$

☐(3)　$3\sqrt{5} + \sqrt{20}$　　　　　　　☐(4)　$3\sqrt{2} + 4\sqrt{7} + \sqrt{63} - \sqrt{8}$

☐(5)　$8\sqrt{3} - \dfrac{9}{\sqrt{3}}$　　　　　　　☐(6)　$\sqrt{24} + 2\sqrt{3} \times 3\sqrt{2} - 4\sqrt{30} \div \sqrt{5}$

☐(7)　$(\sqrt{7} + 5)(\sqrt{7} - 3)$　　　　☐(8)　$(4 - \sqrt{3})^2$

☐(9)　$(5 + 2\sqrt{3})(5 - 2\sqrt{3})$　　　☐(10)　$(\sqrt{2} + \sqrt{3})^2 + (\sqrt{6} + 3)(\sqrt{6} - 1)$

❻ 次の問いに答えなさい。【考】 12点(各4点)

□(1) $6<\sqrt{x}<7$ となるような，自然数 x の個数を求めなさい。

□(2) $\sqrt{60n}$ が自然数となるような，もっとも小さい自然数 n を求めなさい。

□(3) $x=\dfrac{1+\sqrt{3}}{2}$ のとき，$4x^2-4x+1$ の値を求めなさい。

❼ $x=\sqrt{5}+2$，$y=\sqrt{5}-2$ のとき，次の式の値を求めなさい。【知】【考】 9点(各3点)

□(1) $x+y$ □(2) xy □(3) $x^2+3xy+y^2$

❽ 右の図で，正方形 AEKH，IJKL，IFCG の面積はそれぞれ $10\,\mathrm{cm}^2$，$2\,\mathrm{cm}^2$，$10\,\mathrm{cm}^2$ です。次の問いに答えなさい。【知】【考】 12点(各6点)

□(1) 正方形 EBFJ の 1 辺の長さを求めなさい。

□(2) 正方形 ABCD の面積を求めなさい。

❶	(1)	(2)	(3)	(4)
❷	(1)	(2)	(3)	(4)
❸	(1)	(2)	(3)	
❹	(1)	(2)	(3)	(4)
❺	(1)	(2)	(3)	
	(4)	(5)	(6)	
	(7)	(8)	(9)	
	(10)			
❻	(1)	(2)	(3)	
❼	(1)	(2)	(3)	
❽	(1)	(2)		

1 2次方程式の解き方
2 2次方程式の利用

15分

教科書のたしかめ [ ]に入るものを答えよう！

1 ❶ 2次方程式とその解　▶ 教 p.76-78　Step 2 ❶❷

解答欄

□(1) -2, -1, 0, 1, 2 のうち，2次方程式 $x^2+x=0$ の解^{かい}は，
[-1]，[0]

(1)　　／

1 ❷ 因数分解を使った解き方　▶ 教 p.79-81　Step 2 ❸❹

□(2) $x^2-5x+4=0$ を解^ときなさい。
$([x-1])([x-4])=0$　$x=[1]$, $x=[4]$

(2)　　／
　　　　／

1 ❸ 平方根の考えを使った解き方　▶ 教 p.82-85　Step 2 ❺-❽

□(3) $(x-3)^2=11$ を解きなさい。
$x-3=[\pm\sqrt{11}]$　$x=[3\pm\sqrt{11}]$

(3)　　／

□(4) $x^2+6x=5$ を解きなさい。
$x^2+6x+[9]=5+[9]$　$[(x+3)^2]=14$　$x=[-3\pm\sqrt{14}]$

(4)　　／
　　　　／

1 ❹ 2次方程式の解の公式　▶ 教 p.86-89　Step 2 ❾❿

□(5) $x^2-3x-2=0$ を解の公式を使って解きなさい。
$$x=\frac{-(-3)\pm\sqrt{(-3)^2-[4]\times1\times(-2)}}{2\times1}=\left[\frac{3\pm\sqrt{17}}{2}\right]$$

(5)　　／

□(6) $2x^2-8x+5=0$ を解の公式を使って解きなさい。
$$x=\frac{8\pm\sqrt{64-40}}{4}=\frac{8\pm2\sqrt{[6]}}{4}=\left[\frac{4\pm\sqrt{6}}{2}\right]$$

(6)　　／

2 ❶ 2次方程式の利用　▶ 教 p.91-93　Step 2 ⓫-⓭

□(7) ある自然数を2乗すると，その自然数を2倍して15を加えた数
と等しくなる。この自然数を求めなさい。
ある自然数を x として方程式をつくると，[$x^2=2x+15$]
この方程式を整理して因数分解すると，$(x+3)(x-5)=0$ となる。
$x=-3$, $x=5$ で，x は自然数だから，求める自然数は，[5]

(7)　　／

教科書のまとめ ＿＿ に入るものを答えよう！

□ 2次方程式を成り立たせる文字の値を，その2次方程式の 解 という。

□ 2次方程式の解をすべて求めることを，その2次方程式を 解く という。

□ 2次方程式 $ax^2+bx+c=0$ の解の公式　$x=\dfrac{-b\pm\sqrt{b^2-4ac}}{2a}$

□ 2次方程式を利用して問題を解くとき，解が 問題に適しているかどうか を確かめる。

Step 2 予想問題　1 2次方程式の解き方　2 2次方程式の利用

1ページ
30分

【2次方程式とその解①】

❶ 次の方程式のうち，2次方程式はどれですか。

　⑦　$x^2+4x+4=0$　　　　　⑦　$x^2-3x=x^2-6$

　⑦　$2x^2-6x=0$　　　　　⑦　$3x^2+2x-9=2x-3$

（　　　　）

【2次方程式とその解②】

❷ -2，-1，0，1，2 のうち，2次方程式 $x^2-2x=0$ の解はどれですか。

（　　　　）

【因数分解を使った解き方①】

❸ 次の方程式を，因数分解を使って解きなさい。

　□(1)　$x^2+4x+3=0$　　　　　□(2)　$x^2-9x+20=0$

　　　（　　　　）　　　　　　　　　（　　　　）

　□(3)　$x^2+x-12=0$　　　　　□(4)　$x^2-8x+12=0$

　　　（　　　　）　　　　　　　　　（　　　　）

　□(5)　$x^2+9x=0$　　　　　　□(6)　$x^2-100=0$

　　　（　　　　）　　　　　　　　　（　　　　）

　□(7)　$x^2+8x+16=0$　　　　□(8)　$x^2-10x+25=0$

　　　（　　　　）　　　　　　　　　（　　　　）

【因数分解を使った解き方②】

❹ 次の方程式を，因数分解を使って解きなさい。

　□(1)　$(x+3)^2=5x+9$　　　　□(2)　$2x^2-12=(x-2)(x+3)$

　　　（　　　　）　　　　　　　　　（　　　　）

　□(3)　$2x^2+10x+8=0$　　　　□(4)　$-x^2+2x+24=0$

　　　（　　　　）　　　　　　　　　（　　　　）

ヒント

❶
右辺が0になるように
式を整理したあと，
$ax^2+bx+c=0$ の形
に変形できる方程式（a
は0でない定数）をみ
つけます。

❷
方程式にそれぞれの値
を代入したとき，式が
成り立つものが解です。

❸
左辺を因数分解します。
2つの数や式を A，B
とするとき，
　$AB=0$ ならば
　$A=0$ または $B=0$

⊗ ミスに注意
因数分解をして解を
表すとき，符号のミ
スに気をつけましょ
う。

❹
まず，式を整理して，
（2次式）＝0 の形に変
形し，左辺を因数分解
します。
(3)(4) x^2 の係数が1に
　　なるように，両辺を
　　同じ数でわります。

3章

【平方根の考えを使った解き方①】

⑤ 次の方程式を解きなさい。

□(1)　$3x^2 = 12$

□(2)　$25x^2 = 9$

(　　　　　　　　　)

(　　　　　　　　　)

□(3)　$2x^2 - 54 = 0$

□(4)　$9x^2 - 5 = 0$

(　　　　　　　　　)

(　　　　　　　　　)

□(5)　$3x^2 - 7 = 0$

□(6)　$\dfrac{2}{3}x^2 - 3 = 0$

(　　　　　　　　　)

(　　　　　　　　　)

【平方根の考えを使った解き方②】

⑥ 次の方程式を解きなさい。

□(1)　$(x-2)^2 = 16$

□(2)　$(x+1)^2 = 6$

(　　　　　　　　　)

(　　　　　　　　　)

□(3)　$(x-4)^2 - 24 = 0$

□(4)　$(2x+1)^2 = 9$

(　　　　　　　　　)

(　　　　　　　　　)

【平方根の考えを使った解き方③】

⑦ 次の(　)にあてはまる数を書きなさい。

□(1)　$x^2 + 6x + (^{⑦}\qquad) = (x + (^{①}\qquad))^2$

□(2)　$x^2 - 4x + (^{⑦}\qquad) = (x - (^{①}\qquad))^2$

□(3)　$x^2 - 5x + (^{⑦}\qquad) = (x - (^{⑦}\qquad))^2$

【平方根の考えを使った解き方④】

⑧ 次の方程式を，$(x+p)^2 = q$ の形に直して解きなさい。

□(1)　$x^2 + 4x = 6$

□(2)　$x^2 - 6x = -5$

(　　　　　　　　　)

(　　　　　　　　　)

□(3)　$x^2 + 2x - 4 = 0$

□(4)　$x^2 - 8x - 4 = 0$

(　　　　　　　　　)

(　　　　　　　　　)

□(5)　$x^2 + x - 3 = 0$

(　　　　　　　　　)

ヒント

⑤

$x^2 = a$ の解は a の平方根です。解が，絶対値が等しく，符号の異なる2数のときは，記号 $\pm$ を用いてよいです。

(5)(6)答えの分母は有理化しておきます。

⑥

(3) $(x + ▲)^2 = ●$ の形に変形します。

⑦

$x^2 + px + \left(\dfrac{p}{2}\right)^2$
$= \left(x + \dfrac{p}{2}\right)^2$
です。

⑧

$(x+p)^2 = q$ の形に変形するには，x の係数の $\dfrac{1}{2}$ の2乗を両辺に加えます。

【2次方程式の解の公式①】

❾ $3x^2 + 5x - 1 = 0$ を，解の公式を使って解きました。（　）にあてはまる数を書きなさい。

解の公式 $x = \dfrac{-b \pm \sqrt{b^2 - 4ac}}{2a}$ に，$a = ({}^{⑦}\quad)$，$b = ({}^{⑦}\quad)$，$c = ({}^{⑦}\quad)$

を代入すると，

$$x = \frac{({}^{㋔}\quad) \pm \sqrt{({}^{㋕}\quad)^2 - 4 \times ({}^{㋖}\quad) \times ({}^{㋗}\quad)}}{2 \times ({}^{㋓}\quad)} = \frac{({}^{㋙}\quad) \pm \sqrt{({}^{㋚}\quad)}}{({}^{㋘}\quad)}$$

❾

解の公式に代入する a，b，c の値を確認しましょう。解が約分できるかどうかも確認します。解が有理数になるときや解が1つのときもあります。

【2次方程式の解の公式②】

❿ 次の方程式を，解の公式を使って解きなさい。

(1) $x^2 - x - 1 = 0$　　　　　(2) $x^2 + 4x - 8 = 0$

(　　　　　　)　　　　　　(　　　　　　)

(3) $x^2 - 6x - 3 = 0$　　　　　(4) $2x^2 - 5x + 3 = 0$

(　　　　　　)　　　　　　(　　　　　　)

(5) $2x^2 = x + 4$　　　　　(6) $3x^2 = 2x + 1$

(　　　　　　)　　　　　　(　　　　　　)

❿

テスト得ダネ

解の公式を使って2次方程式を解く問題はよく出ます。解の公式を正確に覚えて使いこなせるようにしておきましょう。

【2次方程式の利用①】

⓫ ある自然数の2乗は，その自然数の3倍に28を加えた数に等しいといいます。この自然数を求めなさい。

⓫

ある自然数を x とおいて方程式をつくります。

ミスに注意

求めた解が問題にあわない場合があるので，注意しましょう。

【2次方程式の利用②】

⓬ 2次方程式 $x^2 - 4x + a = 0$ の解の1つが5のとき，a の値を求めなさい。また，もう1つの解を求めなさい。

a の値(　　　　　　)，もう1つの解(　　　　　　)

⓬

もとの方程式の x に5を代入して，まず，a の値を求めます。

【2次方程式の利用③】

⓭ 右の図の直角三角形 ABC の面積は $8\,\mathrm{cm}^2$ です。また，辺 AB の長さは辺 BC の長さより $4\,\mathrm{cm}$ 長くなっています。辺 BC の長さを求めなさい。

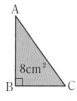

⓭

$BC = x\,\mathrm{cm}$ として，$\triangle ABC$ の面積を x を使って表します。

(　　　　　　)

Step 3 予想テスト : 3章 2次方程式

30分　目標 80点　／100点

❶ 次の問いに答えなさい。知 考　　　　　　　　8点((2)完答，各4点)

□(1) $x^2-9=0$ を解きなさい。

□(2) 次の⑦～⑤の方程式のうち，解の1つが3または-3であるものはどれですか。

⑦ $x(x+3)=0$　　④ $x^2-2x=8$　　⑤ $2x^2=6x-3$　　⑤ $(x-3)^2=0$

❷ 方程式 $x^2+6x=1$ を，平方根の考えを利用して次のように解きました。（ ）にあてはまる数を書きなさい。知 考　　　　　　　　10点(各2点)

$$x^2+6x=1$$
$$x^2+6x+(\square(1)\qquad)=1+(\square(1)\qquad)$$
$$(x+(\square(2)\qquad))^2=(\square(3)\qquad)$$
$$x+(\square(2)\qquad)=(\square(4)\qquad)$$
$$x=(\square(5)\qquad)$$

❸ 次の方程式を解きなさい。知　　　　　　　　40点(各4点)

□(1) $9x^2=16$ 　　　　　　　　　□(2) $(x-2)^2=5$

□(3) $(2x+1)^2=49$ 　　　　　　　□(4) $x^2+5x-6=0$

□(5) $x^2-7x=0$ 　　　　　　　　□(6) $x^2=12x-36$

□(7) $3x^2-6x-45=0$ 　　　　　　□(8) $2x^2-x-3=0$

□(9) $3x^2-2x-3=0$ 　　　　　　 □(10) $(x+2)^2=2(x+2)+8$

❹ 次の問いに答えなさい。知 考　　　　　　　　8点(各4点)

□(1) 2次方程式 $x^2+ax-24=0$ の解の1つが-3です。aの値を求めなさい。

□(2) (1)の2次方程式のもう1つの解を求めなさい。

❺ 連続する3つの自然数があります。中央の数の2乗は，小さい方の数の5倍と，大きい方の数の3倍との和よりも，2大きいといいます。この3つの自然数を求めなさい。考　　8点

6 右の図のように，縦 8 m，横 12 m の長方形の土地に，幅が同じ
道路が縦，横に 1 本ずつ通っています。次の問いに答えなさい。

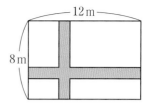

(知)(考) 10点(各5点)

□(1) 道路の幅を x m とすると，道路の面積を x を使って表しな
さい。

□(2) 道路の面積が 36 m^2 のとき，道路の幅を求めなさい。

7 右の図のように，1辺 12 cm の正方形 ABCD があります。点 P は，秒
速 2 cm で辺 AB 上を A から B まで動きます。また，点 Q は，点 P と
同時に出発して，秒速 3 cm で辺 BC 上を C から B まで動きます。た
だし，点 P，Q の一方が B に到達したとき，他方は停止するものとし
ます。次の問いに答えなさい。(考)

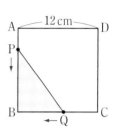

16点(各8点)

□(1) 点 P，Q が出発してからの時間を x 秒とするとき，x の変域を不等式で表しなさい。

□(2) △PBQ の面積が 9 cm^2 になるのは，点 P，Q が出発してから何秒後ですか。

❶	(1)		(2)		
❷	(1)		(2)		(3)
	(4)		(5)		
❸	(1)		(2)		(3)
	(4)		(5)		(6)
	(7)		(8)		(9)
	(10)				
❹	(1)		(2)		
❺					
❻	(1)			(2)	
❼	(1)			(2)	

Step 1 基本チェック ： 1 関数 $y=ax^2$／2 いろいろな関数

15分

教科書のたしかめ ［ ］に入るものを答えよう！

1 ❶ 2乗に比例する関数 ▶教 p.102-104 Step 2 ❶❷

解答欄

□(1) 底面が1辺 x cm の正方形で，高さが7cm の正四角柱の体積を y cm³ とするとき，y を x の式で表すと，［ $y=7x^2$ ］

(1)

□(2) y は x の2乗に比例し，$x=3$ のとき $y=18$ である。$y=ax^2$ とおいて，$x=3$，$y=18$ を代入して a の値を求めると，$a=$［ 2 ］ よって，y を x の式で表すと，［ $y=2x^2$ ］

(2)

1 ❷ 関数 $y=ax^2$ のグラフ ▶教 p.105-112 Step 2 ❸❹

□(3) $y=3x^2$ のグラフ上の点は，$y=x^2$ のグラフ上の各点について，［ y ］座標を［ 3 ］倍にした点である。

(3)

□(4) $y=5x^2$ のグラフと $y=$［ $-5x^2$ ］のグラフは，［ x 軸］について対称である。

(4)

1 ❸ 関数 $y=ax^2$ の値の変化 ▶教 p.113-118 Step 2 ❺-❼

□(5) $y=2x^2$ で，x の値が増加するとき，$x<0$ の範囲では，y の値は［ 減少 ］する。$x>0$ の範囲では，y の値は［ 増加 ］する。$x=0$ のとき，y は最小値［ 0 ］をとる。

(5)

□(6) 関数 $y=x^2$ で，$-2<x<1$ のとき，［ 0 ］$\leqq y<$［ 4 ］

(6)

□(7) 関数 $y=-2x^2$ で，x が1から3まで増加するときの変化の割合は，$\dfrac{（y の増加量）}{（x の増加量）}=\dfrac{［ -18 ］-（-2）}{3-1}=$［ -8 ］

(7)

1 ❹ 関数 $y=ax^2$ の利用 ▶教 p.119-124 Step 2 ❽

□(8) 高いところからボールを落とすとき，落ち始めてから x 秒間に落ちる距離を y m とすると $y=5x^2$ と表せる。20m 落下するには，$5x^2=20$ より，$x^2=$［ 4 ］だから，［ 2 ］秒間かかる。

(8)

2 ❶ 身のまわりの関数 ▶教 p.126-128 Step 2 ❾❿

教科書のまとめ ＿＿に入るものを答えよう！

$y=ax^2$ のグラフの特徴

□ 原点 を通り，y 軸について 対称な曲線 で，放物線 と呼ばれる。

□ $a>0$ のとき，上に 開き，$a<0$ のとき，下に 開いている。

□ a の絶対値が大きいほど，グラフの開き方は 小さい 。

□ $y=ax^2$ のグラフと $y=-ax^2$ のグラフは，x 軸 について 対称 。

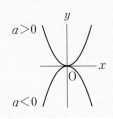

Step 2　予想問題　**1 関数 $y=ax^2$／2 いろいろな関数**

1ページ
30分

【2乗に比例する関数①】

❶ 底面が直角二等辺三角形で，高さが $10\,\mathrm{cm}$ の三角柱があります。直角をはさむ2辺の長さを $x\,\mathrm{cm}$，三角柱の体積を $y\,\mathrm{cm}^3$ として，次の問いに答えなさい。

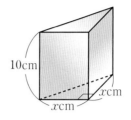

10cm
$x\,\mathrm{cm}$
$x\,\mathrm{cm}$

☐(1)　y を x の式で表しなさい。

(　　　　　)

☐(2)　y は x の2乗に比例するといえますか。

(　　　　　)

ヒント

❶
(1)（角柱の体積）
＝（底面積）×（高さ）
です。

【2乗に比例する関数②】

❷ y は x の2乗に比例し，$x=-2$ のとき $y=12$ です。

☐(1)　y を x の式で表しなさい。(　　　　)

☐(2)　$x=-3$ のときの y の値を求めなさい。(　　　　)

❷
(1)$y=ax^2$ に $x=-2$，$y=12$ を代入して，a の値を求めます。

【関数 $y=ax^2$ のグラフ①】

❸ 右の図の(1)～(3)の放物線は，それぞれ次の⑦～⑰のどの関数のグラフですか。

⑦　$y=-x^2$　　　　　　⑦　$y=2x^2$

⑰　$y=\dfrac{1}{4}x^2$

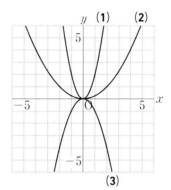

☐(1)　(　　　　)　　☐(2)　(　　　　)

☐(3)　(　　　　)

❸
グラフ上で，x と y の値が整数になる点を読み取り，$y=ax^2$ に x と y の値を代入して a の値を求めます。

【関数 $y=ax^2$ のグラフ②】

❹ 次の関数のグラフを右の図にかき入れなさい。

☐(1)　$y=x^2$　　　☐(2)　$y=-x^2$

☐(3)　$y=\dfrac{1}{4}x^2$　　☐(4)　$y=-\dfrac{1}{4}x^2$

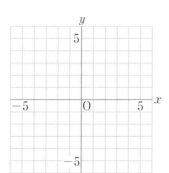

❹
できるだけ多くの点をとります。
(1)と(2)，(3)と(4)は，x 軸について対称です。

❌ミスに注意
点と点は直線で結ばないようにします。

【関数 $y=ax^2$ の値の変化①】

❺ $y=\dfrac{1}{2}x^2$ で，x の変域が次の(1)〜(3)のとき
の y の変域を求めなさい。

□(1) $-4 \leqq x \leqq -2$

(　　　　　　　　)

□(2) $-2 \leqq x \leqq 1$

(　　　　　　　　)

□(3) $2 \leqq x \leqq 4$

(　　　　　　　　)

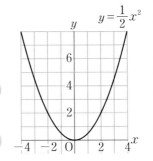

ヒント

❺
グラフを見て，x の変域がどのような位置になるか確認します。

✕ ミスに注意
$x=0$ が x の変域にふくまれるかどうかを注意しましょう。

【関数 $y=ax^2$ の値の変化②】

❻ 次の問いに答えなさい。

□(1) 関数 $y=2x^2$ で，x の値が次のように増加するときの変化の割合を求めなさい。

① 2から6まで　　　　② -3 から -1 まで

(　　　　　　　)　　　　　(　　　　　　　)

□(2) 関数 $y=-\dfrac{1}{2}x^2$ で，x の値が次のように増加するときの変化の割合を求めなさい。

① 1から3まで　　　　② -5 から -3 まで

(　　　　　　　)　　　　　(　　　　　　　)

❻
1次関数のときとちがい，変化の割合は一定にはなりません。

テスト得ダネ
変化の割合の問題はよく出ます。
(変化の割合)
$=\dfrac{(y\text{の増加量})}{(x\text{の増加量})}$

【関数 $y=ax^2$ の値の変化③】

❼ 関数 $y=ax^2$ で，x の値が -4 から -2 まで増加するときの変化の割合は 3 です。次の問いに答えなさい。

□(1) a の値を求めなさい。

(　　　　　　　)

□(2) この関数で，x の値が，2 から 5 まで増加するときの変化の割合を求めなさい。

(　　　　　　　)

❼
(1) $x=-2$，$x=-4$ のときの y の値をそれぞれ a で表し，変化の割合の式をつくります。

【関数 $y=ax^2$ の利用】

❽ なめらかな水平面上を秒速 $4\,\mathrm{m}$ で進んできた球が，なめらかな斜面を上がっていき，その最高到達点の高さは $0.8\,\mathrm{m}$ でした。球が斜面を上がるときの最高到達点の高さ $y\,\mathrm{m}$ は，水平面上の球の速さ $x\,\mathrm{m/s}$（秒速 $x\,\mathrm{m}$）の 2 乗に比例するものとして，次の問いに答えなさい。

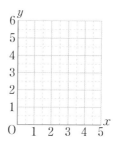
$x\,\mathrm{m/s}$　$y\,\mathrm{m}$

☐(1)　y を x の式で表しなさい。　　　　　　　　（　　　　　）

☐(2)　水平面上を秒速 $6\,\mathrm{m}$ で進む球は，斜面を高さ何 m まで上がりますか。

（　　　　　）

☐(3)　水平面上を進んできた球の，斜面の最高到達点の高さが $0.45\,\mathrm{m}$ でした。この球の水平面上での速さを求めなさい。

（　　　　　）

【身のまわりの関数①】

❾ x の変域を $0\leqq x\leqq5$ とし，x の値の小数第 1 位を四捨五入した数値を y とします。次の問いに答えなさい。

☐(1)　x の値が 2.49，3.53 のときの y の値をそれぞれ求めなさい。

2.49 のとき（　　　　），3.53 のとき（　　　　）

☐(2)　x と y の関係のグラフを，右の図に表しなさい。

【身のまわりの関数②】

❿ 右のグラフは，あるタクシー会社の走行距離と料金をグラフに表したものです。$x\,\mathrm{km}$ 走ったときの料金を y 円として，次の問いに答えなさい。

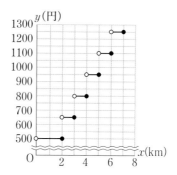

☐(1)　$2.5\,\mathrm{km}$ 走ったときの料金はいくらですか。

（　　　　　）

☐(2)　x の変域を，$0<x\leqq6$ とするときの y のとる値をすべて求めなさい。

（　　　　　）

☐(3)　950 円はらったとき，走った距離 x の範囲を，不等号を使って表しなさい。

（　　　　　）

ヒント

❽
(1) $y=ax^2$ とおいて，x と y にそれぞれ数値を代入して，a の値を求めます。
(2)(1)で求めた式に数値を代入します。
(3) $ax^2=b$ の形の 2 次方程式を解きます。また，解が問題に合っているかどうかを調べます。

4章

❾
(2) y はとびとびの値をとり，グラフは階段状になります。グラフは，端の点をふくむ場合は●，ふくまない場合は○を使って表します。

❿
グラフで，端の点をふくむ場合は●，ふくまない場合は○を使って表しています。
(3)不等号の <，$\leqq$ に注意して，x の範囲を答えます。

Step 3 予想テスト ・ **4章 関数 $y=ax^2$**

30分　目標80点　／100点

❶ 底面の半径が x cm，高さが 12 cm の円錐があります。この円錐の体積を y cm^3 として，次の問いに答えなさい。知 考　　10点(各5点)

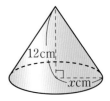

□(1)　y を x の式で表しなさい。

□(2)　y は x の2乗に比例するといえますか。

❷ y は x の2乗に比例し，$x=-2$ のとき，$y=24$ です。次の問いに答えなさい。知 考
8点(各4点)

□(1)　y を x の式で表しなさい。　　□(2)　$x=3$ のときの y の値を求めなさい。

❸ 右の図の(1)〜(3)の放物線は，それぞれ次の⑦〜⑦のどの関数のグラフですか。知 考　　12点(各4点)

⑦　$y=-\dfrac{1}{2}x^2$　　　　⑦　$y=\dfrac{1}{3}x^2$

⑦　$y=x^2$

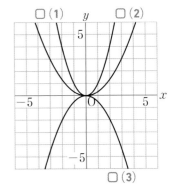

❹ 次の問いに答えなさい。知 考　　20点(各4点)

□(1)　関数 $y=-\dfrac{1}{4}x^2$ で，x の変域が $-4\leqq x\leqq 2$ のときの y の変域を求めなさい。

□(2)　関数 $y=ax^2\ (a>0)$ で，x の変域が $1\leqq x\leqq 3$ のとき，y の変域は $4\leqq y\leqq 36$ です。a の値を求めなさい。

□(3)　関数 $y=5x^2$ で，x の値が次のように増加するときの変化の割合を求めなさい。

　　① 1から6まで　　　② -5 から -3 まで　　　③ 2から3まで

❺ 右の関数 $y=ax^2$ のグラフを見て，次の問いに答えなさい。考　　15点(各5点)

□(1)　a の値を求めなさい。

□(2)　この関数 $y=ax^2$ について，x の値が次のように増加するとき，変化の割合をそれぞれ求めなさい。

　　① -3 から -1 まで　　② 2から4まで

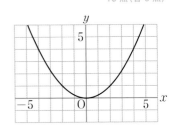

❻ 同じ大きさの立方体がたくさんあります。この立方体を，図1のように上の段から順に，1個，3個，5個，…となるように重ねていきます（図1は3段の場合）。また，図2は，図1の立方体を縦，横が同じ数になるように平面に並べたものです。次の問いに答えなさい。 考

15点（(3)完答，各5点）

図1　　　図2

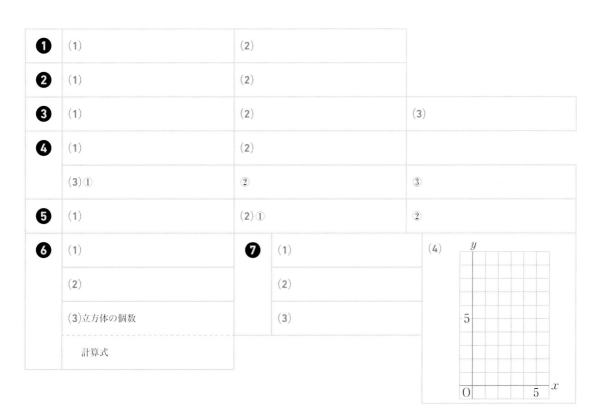

- □(1) 図2を参考にして，x 段目までの立方体の総数を y 個として，y を x の式で表しなさい。
- □(2) 8段目までの立方体の総数を求めなさい。
- □(3) 30段目の立方体の個数を(1)の式を利用して求めなさい。計算式も書きなさい。

❼ 右の図のように，2つの直角二等辺三角形 ABC，DEF が直線 ℓ 上で重なっています。EC の長さを x cm，2つの図形が重なる部分の面積を y cm² として，次の問いに答えなさい。 考

20点（各5点）

- □(1) x の変域が $0 \leqq x \leqq 4$ のとき，y を x の式で表しなさい。
- □(2) 重なった部分の面積が，△ABC の面積の半分になるとき，x の値を求めなさい。
- □(3) x の変域が $4 \leqq x \leqq 6$ のとき，y の式を書きなさい。
- □(4) x の変域が $0 \leqq x \leqq 6$ のとき，y のグラフを解答欄の図にかきなさい。

❶	(1)		(2)		
❷	(1)		(2)		
❸	(1)		(2)		(3)
❹	(1)		(2)		
	(3)①		②		③
❺	(1)		(2)①		②

❻	(1)	❼	(1)	(4)
	(2)		(2)	
	(3)立方体の個数		(3)	
	計算式			

Step 1 基本チェック ● 1 相似な図形

15分

教科書のたしかめ [ ]に入るものを答えよう!

❶ 相似な図形 ▶ 教 p.140-141

解答欄

□(1) 右の図形㋑は図形㋐の[2]倍の[拡大]図で,図形㋐と㋑が相似であることを記号を使って表すと,四角形ABCD[∽]四角形[EFGH]

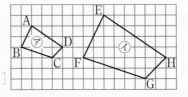

(1)

❷ 相似な図形の性質 ▶ 教 p.142-145 Step 2 ❶

右の図において,四角形 ABCD ∽ 四角形 EFGH のとき,

□(2) 四角形 ABCD と四角形 EFGH の相似比は[3:2]で,EF=$x$cm とすると,[18]:x=3:2 3x=[36]x=[12],EF=[12]cm

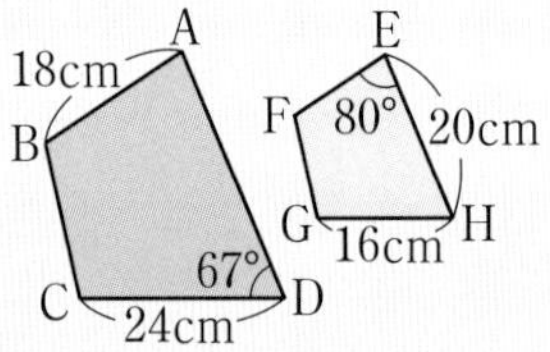

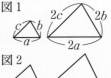

(2)

□(3) AD=[30]cm, ∠A=[80]°, ∠H=[67]°

(3)

❸ 三角形の相似条件 ▶ 教 p.146-150 Step 2 ❷-❺

次のそれぞれの図にあう相似条件を答えなさい。

□(4) 図1で,[3組の辺の比]がすべて等しい。

図1

(4)

□(5) 図2で,[2組の角]がそれぞれ等しい。

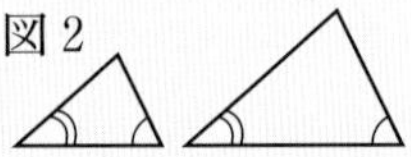

図2

(5)

❹ 相似の利用 ▶ 教 p.151-154 Step 2 ❻-❽

□(6) 長さ2mの棒を地面に垂直に立てたときの影の長さが2.4mのとき,木の影の長さは18mであった。木の高さをxmとすると,x:[2]=18:[2.4]が成り立つ。

(6)

□(7) 400mが有効数字2けたの近似値であるとき,有効数字がはっきりわかる形で表すと,[$4.0×10^2$]m

(7)

教科書のまとめ ___ に入るものを答えよう!

□右の図のように,2つの図形の対応する点を通る直線がすべて1点Oを通り,点Oから対応する点までの距離の比がすべて等しいとき,この2つの図形は,点Oを 相似の中心 として 相似の位置 にあるという。また,△ABC と △A′B′C′ の 相似比 は1:2である。

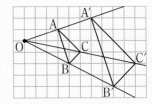

□三角形の相似条件 ①3組の 辺の比 がすべて等しい。

②2組の 辺の比 と その間の角 がそれぞれ等しい。 ③2組の 角 がそれぞれ等しい。

Step
2 予想問題 ： **1 相似な図形**

1ページ
30分

【相似な図形の性質】

❶ 右の図で，△ABC∽△DEF です。
次の問いに答えなさい。

□(1)　△ABC と △DEF の相似比を求めなさい。

（　　　　　　　）

□(2)　辺 EF の長さを求めなさい。

（　　　　　　　）

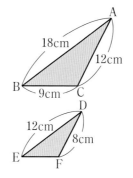

❶
(1)対応する辺の比を考えます。
(2)BC：EF を考えます。

【三角形の相似条件①】

❷ 次の図で，相似な三角形はどれとどれですか。また，そのときの相似
□ 条件を，次の ①〜③ から選んで答えなさい。

　　相似条件　① 3組の辺の比がすべて等しい。
　　　　　　　② 2組の辺の比とその間の角がそれぞれ等しい。
　　　　　　　③ 2組の角がそれぞれ等しい。

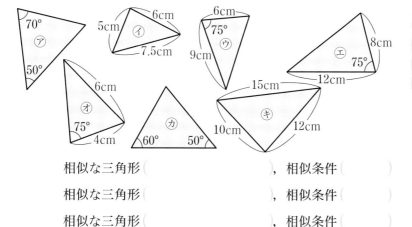

相似な三角形（　　　　　　），相似条件（　　　）
相似な三角形（　　　　　　），相似条件（　　　）
相似な三角形（　　　　　　），相似条件（　　　）

❷
相似条件にあてはめて考えます。対称移動（裏返す）させると相似に気づく三角形もあります。

テスト得ダネ
三角形の相似条件を答える問題はよく出題されます。ここで相似条件を正しく覚えておきましょう。

【三角形の相似条件②】

❸ 右の図について，次の問いに答えなさい。

□(1)　△ABC∽△AED を証明しなさい。

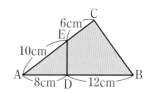

□(2)　BC＝12cm のとき，ED の長さを求めなさい。（　　　　　　）

❸
(1)相似な三角形を取り出して向きをそろえ，対応する辺の比をとって比べます。
(2)ED＝x cm とおき，比例式をつくります。

【三角形の相似条件③】

❹ 右の図で，線分 BC，CD の長さを求めなさい。

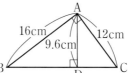

BC (　　　　　　　)

CD (　　　　　　　)

❹
△ABC∽△DBA，
△ABC∽△DAC
を利用します。三角形の相似条件のどれがあてはまるか考えます。

【三角形の相似条件④】

❺ 右の図で，点 O は相似の中心です。次の問いに答えなさい。

(1)　△ABC と △A′B′C′ の相似比を求めなさい。

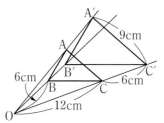

(　　　　　　　　　　　)

(2)　BB′，AC の長さをそれぞれ求めなさい。

BB′ (　　　　　　　)，AC (　　　　　　　)

❺
(1) OC：OC′ を求めます。
(2) OB：OB′
　＝OC：OC′
を利用して BB′ を求めます。

【相似の利用①（縮図の利用①）】

❻ まっすぐ流れる川の両岸の A，B，C の地点を測定すると，図1のようになりました。図2の縮図を利用して，川の幅 AB を，小数第1位を四捨五入して整数で求めなさい。

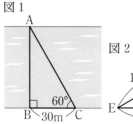
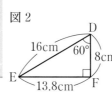

(　　　　　　　　　　　)

❻
三角形の相似比を利用します。

【相似の利用②（縮図の利用②）】

❼ 木から8m 離れたところから，木のてっぺんを見上げたところ，その角度は 55° でした。目の高さを 1.5m とし，右の縮図を利用して，木の高さを，小数第2位を四捨五入して，小数第1位まで求めなさい。

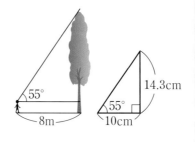

(　　　　　　　　　　　)

❼
三角形の相似比を利用します。木の高さを x m とおいて，比例式をつくります。

【相似の利用③（有効数字）】

❽ 次の値を，有効数字を2桁として，有効数字がはっきりわかる形で表しなさい。

(1)　8000 km

(2)　0.0024 cm

(　　　　　　　)　　　(　　　　　　　)

❽
小数点より上の位は1つだけにして，10の累乗を使って表します。

Step 1 基本チェック ： 2 平行線と相似

⏱ 15分

教科書のたしかめ　[ ]に入るものを答えよう！

❶ 平行線と線分の比　▶教 p.157-161　Step 2 ❶-❹

解答欄

□(1) 右の図で，∠ABC＝[∠ADE]であるから，
DE[∥]BC となる。このとき，
AD：AB＝DE：[BC]が成り立つ。
よって，4：8＝[5]：x　x＝[10]

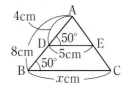

(1)

□(2) 右の図で，DE∥BC とするとき，
AD：AB＝[DE]：[BC]
となるから，4：6＝[5]：[x]
x＝[$\dfrac{15}{2}$]

(2)

□(3) 右の図で，直線 ℓ，m，n がたがいに平行である
とき，10：15＝[9]：[x]　x＝[$\dfrac{27}{2}$]

(3)

❷ 線分の比と平行線　▶教 p.162-166　Step 2 ❺-❼

□(4) △ABC の辺 AB，AC の中点をそれぞれ M，N
とする。
MN＝4cm のとき，BC＝[8]cm
また，MN∥BC より，∠ACB＝[70]°

(4)

□(5) 右の図の辺 BC，CA，AB の中点をそれぞれ D，E，
F とするとき，△DEF の周の長さを求めなさい。
DE＋EF＋FD＝5＋[$\dfrac{9}{2}$]＋[4]＝[$\dfrac{27}{2}$]

(5)

教科書のまとめ　　に入るものを答えよう！

□右の図で，△ABC の辺 AB，AC 上の点をそれぞれ P，Q とするとき，
① PQ∥BC ならば，AP：AB＝AQ： AC ＝PQ： BC
② AP：AB＝AQ：AC ならば，PQ∥BC
③ PQ∥BC ならば，AP：PB＝ AQ ： QC
④ AP：PB＝AQ：QC ならば，PQ∥BC

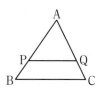

□平行な 3 つの直線 ℓ，m，n に，2 つの直線 p，q が交わって
いるとき，a：b＝ a' ： b'

□右の図で，△ABC の 2 辺 AB，AC の中点をそれぞれ M，N とするとき，
MN ∥ BC，MN＝$\dfrac{1}{2}$ BC ➡ 中点連結 定理

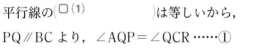

Step 2　予想問題　**2 平行線と相似**

1ページ
30分

【平行線と線分の比①】

❶ 右の図で，PQ∥BC のとき，AP：PB＝AQ：QC になります。これを次のように証明しました。（　）をうめて，証明を完成させなさい。

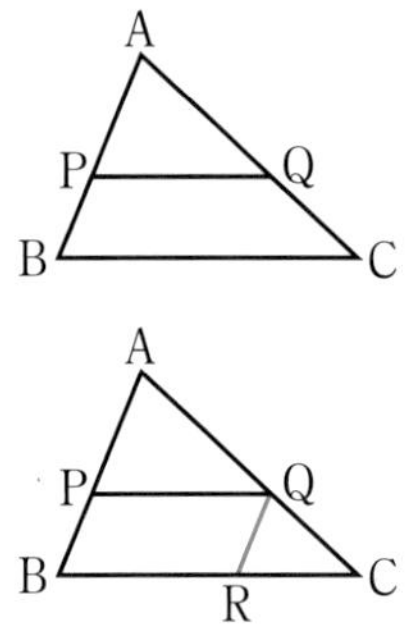

証明 点 Q を通り辺 AB に平行な直線を引き，BC との交点をRとする。△APQ と △QRC において，平行線の $\boxed{(1)}$ は等しいから，

PQ∥BC より，∠AQP＝∠QCR ……①

AB∥QR より，∠PAQ＝ $\boxed{(2)}$ ……②

①，②より，$\boxed{(3)}$ から，

△APQ ∽ △QRC

対応する辺の比は等しいから，AP：QR＝AQ： $\boxed{(4)}$ ……③

PQ∥BR，PB∥QR より，四角形 PBRQ は平行四辺形であるから，

QR＝ $\boxed{(5)}$ ……④

③，④より，AP：PB＝AQ：QC

【平行線と線分の比②】

❷ 次の図で，PQ∥BC のとき，x，y の値を求めなさい。

□(1)

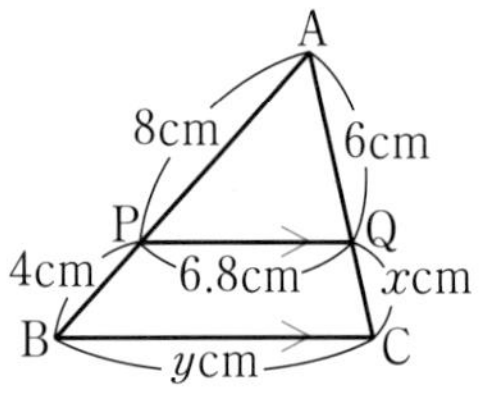

8cm
6cm
P　6.8cm　Q
4cm
B　$y$cm　C
$x$cm

$x=($　　　)，$y=($　　　)

□(2)

P　10.5cm　Q
6cm　　$x$cm
12cm　A　8cm
B　$y$cm　C

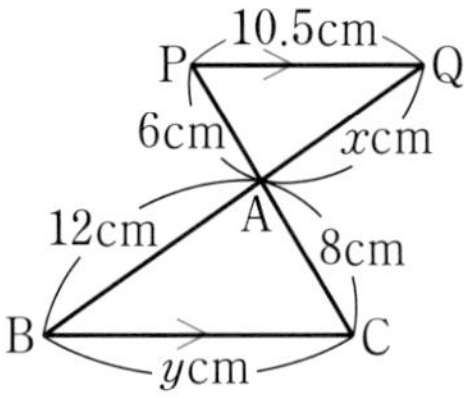

$x=($　　　)，$y=($　　　)

【平行線と線分の比③（平行線で区切られた線分の比）】

❸ 次の図で，ℓ∥m∥n のとき，x の値を求めなさい。

□(1)

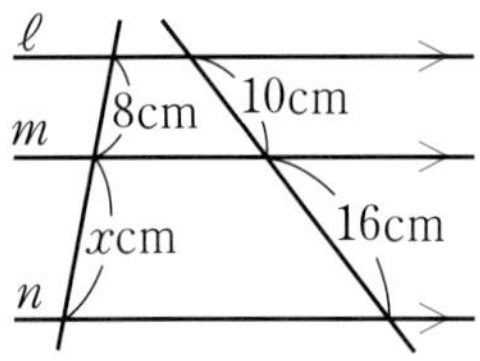

ℓ
m　8cm　10cm
$x$cm　　16cm
n

(　　　　　　)

□(2)

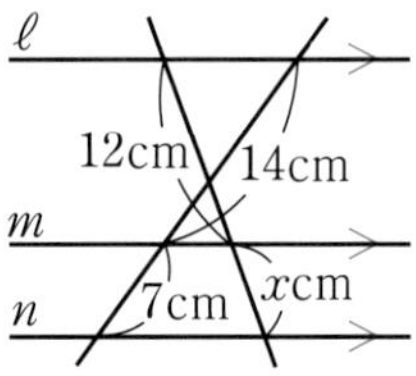

ℓ
12cm　14cm
m
n　7cm　$x$cm

(　　　　　　)

ヒント

❶
(1)∠AQP と ∠QCR の位置関係のことです。
(3)三角形の相似条件が入ります。
(5)平行四辺形の対辺の性質を使います。

❷
平行線と線分の比の定理を使って求めます。

ミスに注意
対応する辺をとりちがえないように注意しましょう。

❸
平行線で区切られた線分の比の定理を使います。

ミスに注意
2直線が交わっていても，同じように考えることができます。

［解答▶p.18］

【平行線と線分の比④】

4 線分 AB 上にあり，AB を 1：2 の比に分ける点 P を，コンパスと 1 組の三角定規を用いて求めなさい。

A————————————————B

ヒント

4
半直線ACを引き，AC上に，AD＝DE＝EFとなる点D，E，Fをとります。

【線分の比と平行線①】

5 次の図で，平行な線の組を書きなさい。

（1）
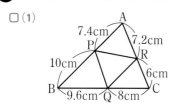

（2）
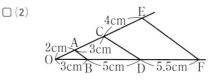

（　　　　　）　　　　　　（　　　　　）

5
（1）AP：PB＝AR：RC，
BP：PA＝BQ：QC，
CR：RA＝CQ：QB
のそれぞれが成り立つかを調べます。
（2）OA：ACとOB：BD，
OA：AEとOB：BF，
OC：CEとOD：DF
を調べます。

【線分の比と平行線②】

6 右の図の台形ABCDで，辺 AB の中点 M から辺 BC に平行な直線をひき，辺DC との交点を N とするとき，線分MN の長さを求めなさい。

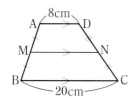

（　　　　　）

6
AとCを結び，MNとの交点をPとして，MP，PNの長さを求めます。

【線分の比と平行線③】

7 長方形 ABCD において，辺 AB，BC，CD，DA の中点をそれぞれ P，Q，R，S とすると，四角形 PQRS はひし形になります。これを次のように証明しました。

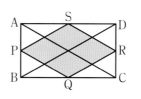

（　）をうめて，証明を完成させなさい。

証明 △ABD において，点 P，S はそれぞれ辺 AB，AD の中点であるから，（□(1)　　　　　　）定理より，

$$PS = \frac{1}{2}（□(2)　　　　　）$$

同様に，△CDB において，$QR = \frac{1}{2}（□(2)　　　　　）$

　　　△BCA において，（□(3)　　　　　）$= \frac{1}{2}AC$

　　　△DAC において，（□(4)　　　　　）$= \frac{1}{2}AC$

長方形の 2 つの対角線の長さは等しいから，（□(2)　　　　　）$= AC$
したがって，PQ＝QR＝RS＝SP
よって，四角形 PQRS は（□(5)　　　　　）である。

7
（1）中点どうしを結ぶ定理です。
（5）ひし形の定義は，「4つの辺が等しい四角形」です。

Step 1　基本チェック　**3 相似と計量**

15分

教科書のたしかめ　[ ]に入るものを答えよう!

❶ 相似な図形の面積比　▶ 教 p.168-170　Step 2 ❶❷

解答欄

□(1)　右の図で，△ABC∽△DEF のとき，
　　　相似比は，$6:8=3:[\ 4\ ]$
　　　面積比は，$3^2:[\ 4^2\ ]=9:[\ 16\ ]$

A
D
B　6cm　C　E　8cm　F

(1)

□(2)　2つの相似な四角形で，相似比が $2:5$
　　　のとき，面積比は，$2^2:[\ 5^2\ ]$，すなわち $[\ 4:25\ ]$

(2)

□(3)　相似比が $2:3$ の △ABC と △DEF で，△ABC の面積が $8\,\mathrm{cm}^2$
　　　のとき，△DEF の面積 $x\,\mathrm{cm}^2$ を求めると，
　　　$8:x=[\ 2^2\ ]:3^2=[\ 4:9\ ]$
　　　$x=[\ 18\ ]\,(\mathrm{cm}^2)$

(3)

❷ 相似な立体の表面積比と体積比　▶ 教 p.171-173　Step 2 ❸❹

□(4)　2つの相似な立体で，相似比が $2:5$ のとき，
　　　表面積比は $[\ 4:25\ ]$，体積比は $[\ 8:125\ ]$ である。

(4)

□(5)　2つの球の半径の比が $3:5$ であるとき，
　　　表面積比は $[\ 3^2\ ]:5^2=[\ 9:25\ ]$
　　　体積比は $[\ 3^3\ ]:5^3=[\ 27:125\ ]$ である。

(5)

□(6)　右の図の2つの円錐で，
　　　相似比は，$6:[\ 12\ ]=1:[\ 2\ ]$
　　　表面積比は，$1^2:[\ 2^2\ ]=[\ 1:4\ ]$
　　　体積比は，$1^3:[\ 2^3\ ]=[\ 1:8\ ]$

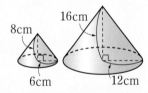
16cm
8cm
6cm　12cm

(6)

□(7)　相似比が $2:3$ である2つの直方体で，小さい方の直方体の体積
　　　が $160\,\mathrm{cm}^3$ のとき，大きい方の直方体の体積 $x\,\mathrm{cm}^3$ を求めると，
　　　$160:x=2^3:[\ 3^3\ ]=[\ 8:27\ ]$
　　　$x=[\ 540\ ]\,(\mathrm{cm}^3)$

(7)

教科書のまとめ　＿＿に入るものを答えよう!

□ 相似な多角形では，対応する部分の長さが k 倍になると，面積は k^2 倍になる。

□ 2つの相似な図形では，面積比は相似比の 2乗 に等しい。
　　すなわち，相似比が $m:n$ ならば，面積比は $m^2:n^2$ である。

□ 2つの相似な立体では，表面積比は相似比の 2乗 に等しい。
　　また，体積比は相似比の 3乗 に等しい。
　　すなわち，相似比が $m:n$ ならば，表面積比は $m^2:n^2$ ，体積比は $m^3:n^3$ である。

Step 2 予想問題 : 3 相似と計量

1ページ
30分

【相似な図形の面積比①】

ヒント

❶ 右の図で，△ABC∽△DEF です。
次の問いに答えなさい。

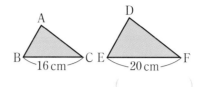

□(1)　相似比を求めなさい。

❶
(1)対応する辺の比をと
ります。
(2)面積比は相似比の2
乗に等しいです。

(　　　　　　　)

□(2)　面積比を求めなさい。また，△ABC の面積が 80 cm² のとき，
△DEF の面積を求めなさい。

面積比(　　　　　)，△DEF(　　　　　)

【相似な図形の面積比②】

❷ 右の図の台形 ABCD で，AD：BC＝3：4 です。
△OAD＝36 cm² のとき，△OAB，△OBC，台形
ABCD の面積を求めなさい。

❷
△OAD と △OCB は
相似になります。また，
△BDA＝△CAD より，
△OAB＝△OCD にな
ることを利用します。

△OAB(　　　　　)，△OBC(　　　　　)

台形 ABCD(　　　　　)

【相似な立体の表面積比と体積比①】

❸ 相似な直方体㋐，㋑があり，その表面積比は
16：25 です。次の問いに答えなさい。

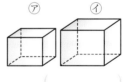

□(1)　相似比を求めなさい。

❸
(1)相似比が $m：n$ のと
き，表面積比は
$m^2：n^2$ であり，こ
の逆が成り立ちます。
つまり，表面積比が
$a：b$ のとき，相似
比は $\sqrt{a}：\sqrt{b}$ です。
(2)体積比は相似比の3
乗に等しいです。

(　　　　　　　)

□(2)　直方体㋑の体積が 500 cm³ のとき，直方体㋐の体積を求めなさい。

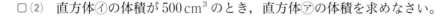

(　　　　　　　)

【相似な立体の表面積比と体積比②】

❹ 右の図のように，高さ 24 cm の円錐を，底面から
の高さ 16 cm のところで，底面に平行な平面 P で
2つの部分㋐と㋑に切り分けました。次の比を求
めなさい。

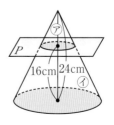

❹
(1)表面積比は相似比の
2乗に等しいです。
(2)最初に，㋐と，もと
の円錐の体積比を求
めます。

□(1)　㋐と，もとの円錐の表面積比。

(　　　　　　　)

□(2)　㋐と㋑の体積比。

(　　　　　　　)

Step 3 予想テスト　5章 相似な図形

30分　目標80点　／100点

❶ 次の問いに答えなさい。 知 考　　　　　　　　　　　　　　　12点(各完答, 各6点)

□(1)　△ABC と相似な三角形をすべて
書きなさい。

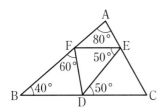

□(2)　相似な三角形を記号 ∽ を使って表し，
そのときの相似条件も書きなさい。

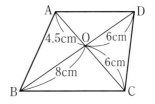

❷ ∠A＝90°である直角三角形 ABC で，A から辺 BC に垂線 AD を
引いたところ，AD＝12cm，CD＝9cm になりました。次の問い
に答えなさい。 知 考　　　　　　　　　　　15点(各5点)

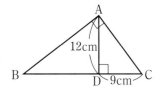

□(1)　BD の長さを求めなさい。

□(2)　AC＝3x cm とするとき，AB の長さを x を使って表しなさい。

□(3)　△ABC の面積から x を求めることにより，AC の長さを求めなさい。

❸ 次の図で，x の値を求めなさい。 知 考　　　　　　　　　　15点(各5点)

□(1)　PQ∥BC

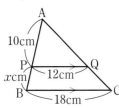

□(2)　ℓ∥m∥n

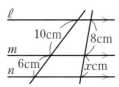

□(3)　∠ADE＝∠ACB

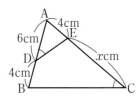

❹ ある時刻に木の影の長さを測ったところ，14.4 m ありました。こ
のとき，地面に垂直に立てた長さ 1.5 m の棒の影の長さは1.8 m
でした。次の問いに答えなさい。 知 考　　　　　12点(各6点)

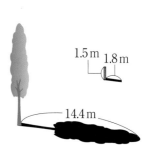

□(1)　木の高さを求めなさい。

□(2)　しばらくたってから，棒の影の長さを測ったところ 2 m に
なっていました。このときの木の影の長さを求めなさい。

❺ 右の図の平行四辺形 ABCD で，辺 AB，CD の中点をそれぞれ M，N とし，対角線 AC と MD，BN との交点をそれぞれ P，Q とします。次の問いに答えなさい。**考**　　10点(各5点)

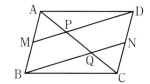

- ☐ (1)　AP：PQ を求めなさい。
- ☐ (2)　AC＝18cm のとき，CQ の長さを求めなさい。

❻ 右の図で，AB∥PQ∥DC です。次の問いに答えなさい。

知 **考**　18点(各6点)

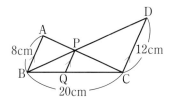

- ☐ (1)　AC：PC を求めなさい。
- ☐ (2)　QC の長さを求めなさい。
- ☐ (3)　PQ の長さを求めなさい。

❼ 右の図の三角錐 OABC で，辺 OA，OB，OC をそれぞれ 3：2 に分ける点を P，Q，R とします。P，Q，R を通る平面で三角錐 OABC を，㋐と㋑の 2つの部分に切り分けます。次の問いに答えなさい。**知** **考**

18点(各6点)

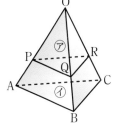

- ☐ (1)　三角錐 OPQR と三角錐 OABC の相似比を求めなさい。
- ☐ (2)　△ABC＝200cm² のとき，△PQR の面積を求めなさい。
- ☐ (3)　立体㋐と㋑の体積比を求めなさい。

❶	(1)		
	(2)相似な三角形　　　　　　　　　相似条件		
❷	(1)	(2)	(3)
❸	(1)	(2)	(3)
❹	(1)	(2)	
❺	(1)	(2)	
❻	(1)	(2)	(3)
❼	(1)	(2)	(3)

Step 1 | **基本チェック** | **1 円周角と中心角**
2 円周角の定理の利用

15分

教科書のたしかめ [ ]に入るものを答えよう！

1 ❶ 円周角の定理 ▶ 教 p.182-188 Step 2 ❶-❹

解答欄

□(1) 右の図®で，∠AOB＝106°のとき，
∠APB＝∠AP′B＝∠[AP″B]＝[53]°

(1) ╱

右の図○で，$\overgroup{AB}$＝$\overgroup{BC}$＝$\overgroup{CD}$ であるとき，

□(2) ∠APB＝∠[BQC]＝∠[CRD]

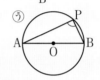

(2) ╱

□(3) ∠APB＝∠aのとき，∠AOB＝[2∠a]

(3)

□(4) ∠PBQ＝∠ABP のとき，$\overgroup{PQ}$＝[$\overgroup{AP}$]

(4)

□(5) 右の図⑤で，線分 AB を直径とする円の周上に
点 P をとるとき，∠APB＝[90]°である。

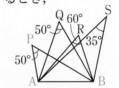

(5)

1 ❷ 円周角の定理の逆 ▶ 教 p.189-190 Step 2 ❺❻

□(6) 右の図で，3点 P，A，B を通る円を円 O とするとき，
点 Q は円 O の[円周上]にある。
点 R は円 O の[内部]にある。
点 S は円 O の[外部]にある。

(6)

2 ❶ 円周角と図形の証明 ▶ 教 p.192-193 Step 2 ❼-❾

□(7) 右の図で，△ACP と △DBP は，[2組の角]が
それぞれ等しいから，△ACP[∽]△DBP

(7)

2 ❷ 円周角と円の接線 ▶ 教 p.194-196 Step 2 ❿

□(8) 右の図で，円 O 外の点 A から円 O に接線を引くには，
① 線分 AO を[直径]とする O′をかき，円 O
との交点を P，P′とする。
② 直線 AP，AP′を引く。

(8)

教科書のまとめ ＿＿に入るものを答えよう！

□ 1つの円において，等しい弧に対する 円周角(中心角) は等しい。

□ 1つの円において，等しい円周角(中心角)に対する 弧 は等しい。

□ **円周角の定理の逆** 2点 P，Q が直線 AB について同じ側にあるとき，
∠APB＝∠ AQB ならば，4点 A，P，Q，B は 1つの円周上 にある。

□ 円の外部にある1点から，この円に引いた2本の 接線 の長さは 等しい 。

Step 2 予想問題

1 円周角と中心角
2 円周角の定理の利用

1ページ
30分

【円周角の定理①】

❶ 右の図で，$\angle APB = \dfrac{1}{2} \angle AOB$ であることを，次のように証明しました。（　）をうめて，証明を完成させなさい。

【証明】点 P を通る直径 PQ を引き，$\angle APB = \angle a$，$\angle BPQ = \angle b$ とおく。△OPA は二等辺三角形より，

$\angle OPA = ($　□(1)　$) = \angle a + \angle b$

$\angle AOQ$ は △OPA の外角であるから，

$\angle AOQ = ($　□(2)　$) + ($　□(3)　$)$

$\qquad = 2($　□(4)　$) \cdots\cdots$①

△OPB も二等辺三角形であるから，$\angle BOQ = 2($　□(5)　$)\cdots$②

①，②から，$\angle AOB = \angle AOQ - \angle BOQ$

$\qquad\qquad\qquad = 2($　□(4)　$) - 2($　□(5)　$)$

$\qquad\qquad\qquad = 2($　□(6)　$)$

したがって，$\angle APB = \dfrac{1}{2}\angle AOB$

ヒント

❶
(1)二等辺三角形の底角の性質です。
(2)(3)三角形の外角は，これととなり合わない 2 つの内角の和に等しいです。
下の図で，
$\angle c = \angle a + \angle b$

テスト得ダネ
円周角の定理の証明問題が出されることもあります。下の図が基本なので，十分に確認しておきましょう。

【円周角の定理②】

❷ 次の図で，$\angle x$，$\angle y$ の大きさを求めなさい。

□(1)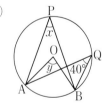

□(2)

□(3)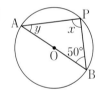

$\angle x = ($　　　　$)$　　　$\angle x = ($　　　　$)$　　　$\angle x = ($　　　　$)$

$\angle y = ($　　　　$)$　　　　　　　　　　　　　$\angle y = ($　　　　$)$

❷
(1)1つの弧に対する円周角はすべて等しいです。
(2)点 P をふくまない方の $\overparen{AB}$ に対する中心角を考えます。
(3)点 P をふくまない方の $\overparen{AB}$ は半円の弧です。

【円周角の定理③】

❸ 次の図で，x の値を求めなさい。

□(1)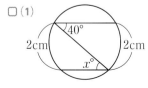

□(2)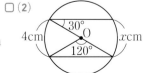

□(3)

❸
弧と円周角の定理を使います。

（　　　　　）　　　（　　　　　）　　　（　　　　　）

6章

【円周角の定理④】

❹ 右の図のように，1つの円で，弦 AC，BD には
さまれた $\overparen{AB}$ と $\overparen{CD}$ の長さが等しくなるように 4
点 A，B，C，D を円周上にとり，点 B と C，点
A と D をそれぞれ結びます。

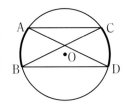

□(1)　∠ACB と等しい角をすべて答えなさい。

（　　　　　　　　　　）

□(2)　AC∥BD であることを証明しなさい。

ヒント

❹
(1)1つの円において，
「等しい弧に対する
円周角は等しい」を
使います。
(2)

✕ ミスに注意
平行線になるための
条件をミスしないよ
うに利用しましょう。

【円周角の定理の逆①】

❺ 次の図の㋐〜㋒のうち，4 点 A，B，C，D が 1 つの円周上にあるも
□　のはどれですか。

㋐ 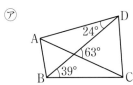　㋑ 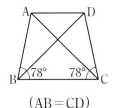　㋒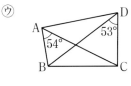

（AB＝CD）

（　　　　　　　　　　）

❺
等しい角を見つけ，円
周角の定理の逆を使い
ます。
㋒∠BAC と ∠BDC が
　等しくないことに着
　目します。

【円周角の定理の逆②】

❻ 四角形 ABCD で，∠ACB＝∠ADB ならば，
□　∠BAC＝∠BDC，∠ABD＝∠ACD であることを
　証明しなさい。

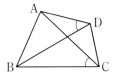

❻
まず，4 点 A，B，C，
D が 1 つの円周上にあ
ることを証明しておき
ます。

【円周角と図形の証明①】

❼ 右の図のように，円 O に内接する四角形 ABCD で，対角線 AC，BD の交点を E とします。△EAB と相似な三角形はどれですか。

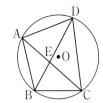

(　　　　　　)

【円周角と図形の証明②】

❽ 右の図で，A，B，C は円の周上の点で，∠BAC の二等分線をひき，弦 BC，$\overset{\frown}{BC}$ との交点をそれぞれ D，E とするとき，△ABE∽△DBE であることを証明しなさい。

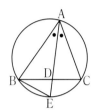

【円周角と図形の証明③】

❾ 右の図の円 O において，BP の長さを求めなさい。

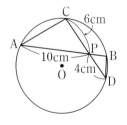

(　　　　　　)

【円周角と円の接線】

❿ 右の図で，P を通る円 O の接線を作図しなさい。

P•

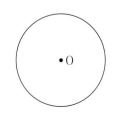
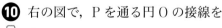

Step 3 予想テスト ： **6章 円**

⏱ 30分　／100点　目標 80点

❶ 次の図で，∠x の大きさを求めなさい。【知】　　　　24点（各4点）

☐(1)
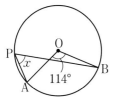

☐(2)
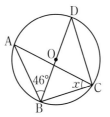

☐(3)
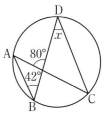

☐(4)
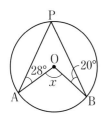

☐(5)
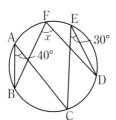

☐(6)
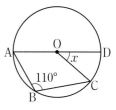

❷ 右の図で，A，B，C，D，E は，円周を5等分する点です。∠x，∠y，
☐ ∠z の大きさを，それぞれ求めなさい。【知】　　　　9点（各3点）

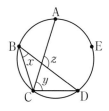

❸ 次の(1)～(3)で，4点 A，B，C，D が1つの円周上にあるものには〇，そうでないものには
× を書きなさい。【知】　　　　12点（各4点）

☐(1)
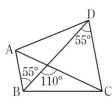

☐(2)
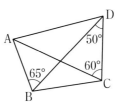

☐(3)
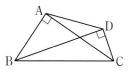

❹ 次の図で，それぞれ BC の長さを求めなさい。【知】【考】　　　　10点（各5点）

☐(1)
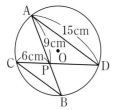

☐(2)
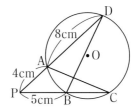

❺ 右の図のように，2つの弦 AB，CD の交点を P とします。【知】【考】 10点（各5点）

- ☐(1) 相似な三角形を記号 ∽ を使って表しなさい。
- ☐(2) AP＝5cm，PC＝6cm，PB＝8cm のとき，PD の長さを求めなさい。

❻ 右の図のように，2つの円 O，O′ が2点 A，B で交わり，点 B を
☐ 通る2つの直線 CD，EF があります。

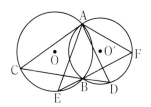

このとき，△ACD∽△AEF であることを証明しなさい。【考】 15点

❼ 右の図の四角形 ABCD で，4つの辺が円 O に点 P，Q，R，S で接し
ています。【知】【考】 20点（各4点）

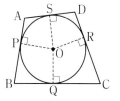

- ☐(1) 線分 AP，BP，CR，DR の長さと等しい線分をそれぞれ答えなさい。
- ☐(2) AD＋BC＝10cm のとき，AB＋DC の長さを求めなさい。

❶	(1)	(2)	(3)
	(4)	(5)	(6)
❷	∠x	∠y	∠z
❸	(1)	(2)	(3)
❹	(1)	(2)	
❺	(1)		(2)

❻	

❼	(1)AP	BP	CR	DR
	(2)			

Step 1 基本チェック　1 三平方の定理

15分

教科書のたしかめ　[ ]に入るものを答えよう！

❶ 三平方の定理　▶教 p.204-206　Step 2 ❶-❺

解答欄

次の図の直角三角形で，x の値を求めなさい。

□(1)

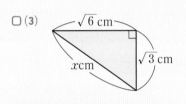

斜辺が[15]cm であるから，

$12^2 + [\ x^2\ ] = [\ 15^2\ ]$

$x^2 = [\ 81\ ]$

$x > [\ 0\ ]$ であるから，$x = [\ 9\ ]$

(1)

□(2)

斜辺が[6]cm であるから，

$5^2 + [\ x^2\ ] = [\ 6^2\ ]$

$x^2 = [\ 11\ ]$

$x > [\ 0\ ]$ であるから，$x = [\ \sqrt{11}\ ]$

(2)

□(3)

斜辺が[x]cm であるから，

$(\sqrt{6})^2 + [\ (\sqrt{3})^2\ ] = [\ x^2\ ]$

$6 + [\ 3\ ] = x^2,\ x^2 = [\ 9\ ]$

$x > [\ 0\ ]$ であるから，$x = [\ 3\ ]$

(3)

❷ 三平方の定理の逆　▶教 p.207-208　Step 2 ❻

□(4)　次の⑦，①の三角形のうち，直角三角形はどちらか答えなさい。

⑦辺の長さが 5，9，10 の三角形

$a = 5,\ b = 9,\ c = 10$ とすると，$a^2 + b^2 = [\ 5^2 + 9^2\ ] = 106,$

$c^2 = [\ 10^2\ ] = 100$　　したがって，直角三角形[ではない]。

①辺の長さが 2，$\sqrt{5}$，3 の三角形

$a = 2,\ b = \sqrt{5},\ c = 3$ とすると，$a^2 + b^2 = [\ 2^2 + (\sqrt{5})^2\ ] = 9,$

$c^2 = [\ 3^2\ ] = 9$　　したがって，直角三角形[である]。

よって，直角三角形は[①]です。

(4)

教科書のまとめ　＿＿に入るものを答えよう！

□直角三角形の直角をはさむ 2 辺の長さを a，b，斜辺の長さを c とすると，

$a^2 + \underline{b^2} = \underline{c^2}$ が成り立つ。

□上の定理を，三平方の定理 という。

□三平方の定理の逆

△ABC の 3 辺の長さ a，b，c の間に，$a^2 + b^2 = \underline{c^2}$ の関係が成り立てば，∠C = $\underline{90}$° である。

Step 2 予想問題 ： **1 三平方の定理**

1ページ
30分

【三平方の定理①】

❶ 次の図の直角三角形で，x の値を求めなさい。

よく出る

□(1)
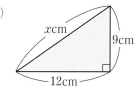
$x$cm
9cm
12cm

□(2)
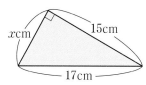
$x$cm
15cm
17cm

ヒント

❶

三平方の定理にあては
めます。

テスト得ダネ

$a^2+b^2=c^2$ のかわ
りに，
（斜辺の 2 乗）
＝（残りの 2 辺の 2
　乗の和）
と覚えてもよいです。

(　　　　　　　)　　　　　(　　　　　　　)

□(3)
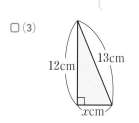
12cm
13cm
$x$cm

□(4)
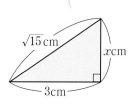
$\sqrt{15}$ cm
$x$cm
3cm

(　　　　　　　)　　　　　(　　　　　　　)

【三平方の定理②】

❷ 右の図の直角三角形 ABC で，頂点 A から辺 BC に垂線 AD を引きました。x，y の値を求めなさい。

よく出る

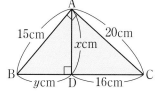
A
15cm　20cm
$x$cm
B　$y$cm　D　16cm　C

❷

直角三角形 ACD に三
平方の定理を利用して，
x の値を求めます。
y の値は，△ABD，
△ABC のどちらを用
いても求められます。

$x=$(　　　　　　　)，$y=$(　　　　　　　)

【三平方の定理③】

❸ 直角三角形で，直角をはさむ 2 辺の長さが次のような場合，斜辺の長さを求めなさい。

☐(1)　7 cm，6 cm

☐(2)　$4\sqrt{2}$ cm，7 cm

（　　　　　　）　　　　　　　　　　（　　　　　　）

☐(3)　$\sqrt{5}$ cm，$\sqrt{7}$ cm

☐(4)　7 cm，24 cm

（　　　　　　）　　　　　　　　　　（　　　　　　）

❸
直角をはさむ 2 辺を a，b として，$a^2 + b^2$ の値を求めます。これが，(斜辺)^2 の値です。

【三平方の定理④】

❹ 直角三角形の斜辺の長さを c，他の 2 辺の長さを a，b として，次の表を完成させなさい。

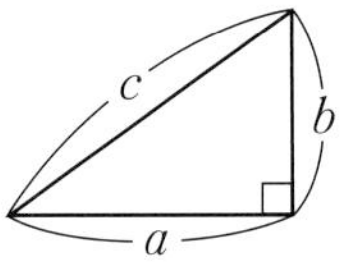

	☐(1)	☐(2)	☐(3)	☐(4)	☐(5)
a	（　）	6	5	（　）	$2\sqrt{3}$
b	8	6	（　）	$\sqrt{6}$	6
c	10	（　）	13	$3\sqrt{2}$	（　）

❹
三平方の定理を利用します。

【三平方の定理⑤】

❺ 図 1 のような直角三角形を，図 2 のように 4 つ組み合わせました。斜線部分の面積を考えることにより，$a^2 + b^2 = c^2$ を証明しなさい。ただし，$b \geqq a$ とします。

図1

図2

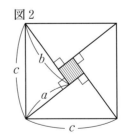

❺
斜線部分は，1 辺が $b - a$ の正方形になります。

【三平方の定理の逆】

❻ 次の長さを 3 辺とする㋐〜㋕の三角形のうち，直角三角形はどれですか。

㋐　5，6，7

㋑　6，8，11

㋒　$\sqrt{3}$，$\sqrt{7}$，$\sqrt{10}$

㋓　1.8，2.4，3

㋔　11，60，61

㋕　3，$3\sqrt{3}$，7

（　　　　　　　）

❻
いちばん長い辺の 2 乗が残りの辺の 2 乗の和になるものを選びます。

❌ ミスに注意
いちばん長い辺を間違えずに選びます。

Step 1 基本チェック　2 三平方の定理の利用

⏱ 15分

教科書のたしかめ　[ ]に入るものを答えよう！

❶ 平面図形での利用　▶教 p.210-215　Step 2 ❶-❺

解答欄

□(1)　1辺が5cmの正方形の対角線の長さは $[\,5\sqrt{2}\,]$ cm

(1)

□(2)　1辺が4cmの正三角形ABCの高さを求めなさい。

頂点Aから辺BCに垂線ADを引くと，Dは

$[\,BC\,]$ の中点になる。高さADを x cmとすると，

$x^2+2^2=[\,4^2\,]$，$x^2=16-[\,4\,]=[\,12\,]$，

$x>0$ であるから，$x=[\,2\sqrt{3}\,]$

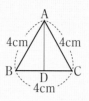

(2)

□(3)　長方形のとなり合った2辺の長さが4cm，8cmであるとき，対

角線の長さを求めなさい。

対角線の長さを x cmとすると，$x^2=4^2+8^2=[\,80\,]$

$x>0$ であるから，$x=[\,4\sqrt{5}\,]$

(3)

□(4)　半径が6cmの円Oで，弦ABの長さが10cmのと

き，円の中心Oと弦ABとの距離を求めなさい。

求める距離を d cmとすると，$(10\div2)^2+d^2=[\,6^2\,]$

$d^2=36-[\,25\,]=[\,11\,]$，$d>0$ であるから，$d=[\,\sqrt{11}\,]$

(4)

□(5)　半径5cmの円の中心Oと13cm離れた点Aから，円Oに引い

た接線の長さは，$13^2-[\,5^2\,]=[\,144\,]$ より，$[\,12\,]$ cm

(5)

❷ 空間図形での利用　▶教 p.216-220　Step 2 ❻-❽

□(6)　母線の長さが9cm，高さが5cmの円錐の体積を求めなさい。

底面の半径を r cmとすると，$r^2+[\,5^2\,]=9^2$，$r^2=[\,56\,]$

$r>0$ であるから，$r=[\,2\sqrt{14}\,]$

体積は，$\dfrac{1}{3}\times\pi\times(2\sqrt{14})^2\times[\,5\,]=[\,\dfrac{280}{3}\pi\,]$ （cm³）

(6)

7章

....

教科書のまとめ　＿＿に入るものを答えよう！

特別な直角三角形の3辺の比

□ 3つの角が45°，<u>45</u>°，90°である直角三角形の

3辺の長さの比…1：1：$\sqrt{2}$

□ 3つの角が30°，<u>60</u>°，90°である直角三角形の

3辺の長さの比…1：$\sqrt{3}$：2

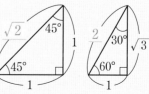

□ 縦，横，高さが，それぞれ a，b，c の直方体の対角線の長さは，

<u>$\sqrt{a^2+b^2+c^2}$</u>

1ページ
30分

【平面図形での利用①（対角線の長さ）】

❶ 次の長さを求めなさい。

□(1)　1辺4cmの正方形の対角線の長さ

（　　　　　　　　）

□(2)　縦4cm，横6cmの長方形の対角線の長さ

（　　　　　　　　）

ヒント

❶

図形の中にある直角三角形を見つけて，三平方の定理を利用します。

【平面図形での利用②】

❷ 次の図で，x，yの値を求めなさい。

□(1)
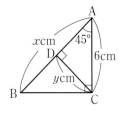

□(2)
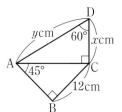

$x=$（　　　　　　），$y=$（　　　　　　）

$x=$（　　　　　　），$y=$（　　　　　　）

❷

テスト得ダネ

直角二等辺三角形や60°の角をもつ直角三角形を使った問題がよく出題されます。それぞれの三角形の辺の比は，しっかりおぼえておきましょう。

【平面図形での利用③（弦や接線の長さ）】

❸ 右の図の円Oにおいて，OHはOから弦ABに引いた垂線，PAはAを接点とする円Oの接線です。弦ABと線分PAの長さを，それぞれ求めなさい。

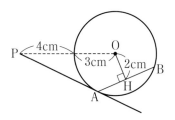

弦AB（　　　　　　），線分PA（　　　　　　）

❸

OとAを結ぶと，△OAH，△OPAは直角三角形になります。

【平面図形での利用④（2点間の距離）】

❹ 次の2点間の距離を，それぞれ求めなさい。

□(1)　A(4, 3)，B($-$2, 1)

（　　　　　　　　）

□(2)　C(3, $-$2)，D($-$2, 2)

（　　　　　　　　）

❹

図で考えましょう。

(1)
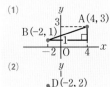

(2)
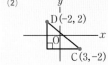

【平面図形での利用⑤】

❺ 右の図は，縦が 6 cm，横が 8 cm の長方形 ABCD
　の紙を，頂点 D が辺 BC の中点 M と重なるよう
　に折ったものです。CF の長さを求めなさい。

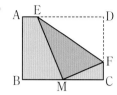

💡ヒント

❺
CF＝x cm として，
MF を x を使って表し
ます。

（　　　　　）

【空間図形での利用①（対角線の長さ①）】

❻ 右の図は，縦 6 cm，横 8 cm，高さ
　5 cm の直方体です。次の問いに答え
　なさい。

□(1)　対角線 CE の長さを求めなさい。

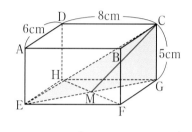

❻
(1)△EFG で EG²を求
　め，次に，△CEG
　で CE²を求めます。
(2)長方形の 2 つの対角
　線はそれぞれの中点
　で交わります。

（　　　　　）

□(2)　EG と FH の交点を M とするとき，線分 CM の長さを求めなさい。

（　　　　　）

【空間図形での利用②（対角線の長さ②）】

❼ 右の図の直方体に，点 B から辺 CG を通って点
　H まで糸をかけます。かける糸の長さがもっと
　も短くなるときの，糸の長さを求めなさい。

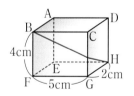

❼
展開図で，長さがもっ
とも短くなるときの糸
のようすを考えます。

（　　　　　）

【空間図形での利用③（円錐の体積）】

❽ 右の図は，底面の半径が 5 cm，母線の長さが 13 cm
　の円錐です。この円錐の体積を求めなさい。

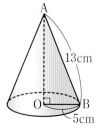
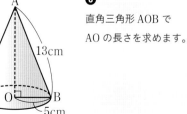

❽
直角三角形 AOB で
AO の長さを求めます。

（　　　　　）

Step 3 予想テスト　**7章 三平方の定理**

⏱ 30分　　／100点　目標 80点

❶ 次の図で，x の値を求めなさい。知　　　　　　　　　9点(各3点)

☐(1)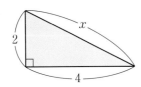

☐(2)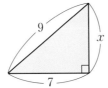

☐(3)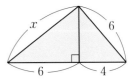

❷ 次の長さを3辺とする三角形のうち，直角三角形であるものには〇，そうでないものには × を書きなさい。知　　　　　　　　　12点(各3点)

☐(1)　4cm，5cm，7cm

☐(2)　0.9cm，1.2cm，1.5cm

☐(3)　2cm，$2\sqrt{3}$ cm，3cm

☐(4)　$\sqrt{2}$ cm，$2\sqrt{2}$ cm，$\sqrt{6}$ cm

❸ ☐ 1組の三角定規では，辺の長さの関係は，右の図のようになっています。AC＝12cm のとき，残りの辺 AB，BC，AD，CD の長さを求めなさい。知　　　　　　　　　16点(各4点)

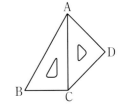

❹ 次の問いに答えなさい。知　　　　　　　　　12点(各4点)

☐(1)　1辺が8cm の正三角形の面積を求めなさい。

☐(2)　右の図で，A，B は，関数 $y = \dfrac{1}{2}x^2$ のグラフ上の点で，x 座標はそれぞれ4と −2 です。線分 AB の長さを求めなさい。

☐(3)　半径9cm の円Ｏで，中心からの距離が3cm である弦 AB の長さを求めなさい。

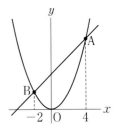

❺ ☐ 半径4cm の円Ｏの中心から8cm の距離に点Ａがあります。点Ａから円Ｏに引いた接線の長さを求めなさい。考　　　　　　8点

6 右の図のように，縦が 6 cm，横が 9 cm の長方形 ABCD の紙を，対角線 BD を折り目として折ります。【考】　18点((1)完答，各6点)

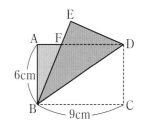

- □(1)　∠DBC と等しい角をすべて答えなさい。
- □(2)　(1)から，△FBD がどんな三角形かを考え，AF＝x cm として，BF の長さを x を使って表しなさい。
- □(3)　AF の長さを求めなさい。

7 底面が 1 辺が 4 cm の正方形で，他の辺が 5 cm の正四角錐の体積を求めなさい。【考】　9点
□

8 右の図の直方体について，次の問いに答えなさい。【考】　16点(各8点)

- □(1)　右の図の直方体で，M は辺 DH の中点です。線分 BM の長さを求めなさい。
- □(2)　この直方体に，点 B から辺 CG を通って点 H まで糸をかけます。かける糸の長さがもっとも短くなるときの，糸の長さを求めなさい。

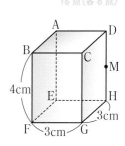

❶	(1)		(2)		(3)	
❷	(1)	(2)	(3)	(4)
❸	AB	BC	AD	CD
❹	(1)		(2)		(3)	
❺						
❻	(1)		(2)		(3)	
❼						
❽	(1)		(2)			

[解答 ▶ p.26-27]

❶ ╱9点　❷ ╱12点　❸ ╱16点　❹ ╱12点　❺ ╱8点　❻ ╱18点　❼ ╱9点　❽ ╱16点

53

7章

Step 1 基本チェック　1 標本調査

15分

教科書のたしかめ　[　]に入るものを答えよう！

❶ 全数調査と標本調査

▶ 教 p.230　Step 2 ❶❷

解答欄

□(1) 次の㋐〜㋒の調査で，全数(ぜんすう)調査が適しているのは[㋐]，標本(ひょうほん)調査が適しているのは[㋑，㋒]である。

㋐ ある中学校3年1組の男子生徒18人の平均身長

㋑ 中学3年女子の50m走のタイムの全国平均

㋒ パック詰め牛乳の品質調査

(1)

❷ 標本調査による推定

▶ 教 p.231-235　Step 2 ❸

□(2) ある養鶏場(ようけいじょう)で，ある日の朝に採れた卵100個に番号をつけ，乱数表を用いて10個を取り出して重さを測ったところ，次の表のようだった。

❸ 61	⓫ 58	⓱ 58	㉞ 65	㊵ 71	
(59) 73	(63) 65	(74) 57	(91) 52	(95) 53	(単位：g)

標本平均は，

$(61+58+58+65+71+73+65+57+52+53)\div$[10]

＝[613]÷[10]

＝[61.3]

これから，母平均は[61.3]gと推定できる。

(2)

❸ 標本調査の利用

▶ 教 p.236-237　Step 2 ❹❺

□(3) 袋(ふくろ)の中に，白と黒の碁石(ごいし)が合わせて500個入っている。標本調査を行って，この袋の中の黒石の個数を推定する。標本の大きさが20個と50個の場合について，推定した値の信頼性の高さについて正しいのは，次の[㋑]である。

㋐ 20個の場合の方が高い。　㋑ 50個の場合の方が高い。

㋒ どちらも同じである。　㋓ どちらとも言えない。

(3)

教科書のまとめ　＿＿に入るものを答えよう！

□ 対象となる集団のすべてのものについて行う調査を 全数調査，対象となる集団の中から一部を取り出して行う調査を 標本調査 という。

□ 標本調査を行うとき，調査する対象となるもとの集団を 母集団 といい，母集団(ぼしゅうだん)から取り出した一部分を 標本，または サンプル という。

□ 母集団から標本を取り出すことを標本の 抽出 といい，標本から母集団の性質を推測することを 推定 という。

□ 母集団から，標本をかたよりなく取り出す方法を 無作為抽出 という。

□ 標本の平均値を 標本平均 といい，母集団の平均値を 母平均 という。

Step 2　予想問題　1 標本調査

1ページ
30分

【全数調査と標本調査①】

❶ 次の⑦～㋔の調査は，全数調査，標本調査のどちらですか。標本調査が適切であるものの記号を答えなさい。

⑦　学校での学力検査　　　　㋑　ジュース会社の品質検査

㋒　全国の米の収穫量の予想　㋓　会社での健康診断

㋔　新しく製造した自動車 1000 台のブレーキの効きぐあい

（　　　　　　　　）

【全数調査と標本調査②】

❷ ある中学校では，全校生徒 720 人の中から 100 人を選んで，通学時間の調査を行いました。この調査の母集団，標本はそれぞれ何ですか。

母集団（　　　　　　　　），標本（　　　　　　　　）

【標本調査による推定】

❸ ある中学校では，3 年生男子 140 人がスポーツテストでハンドボール投げを行いました。下の数値は，140 人の記録の中から，10 人の記録を無作為抽出したものです。次の問いに答えなさい。

26, 22, 29, 28, 20, 16, 23, 30, 24, 21　　（単位：m）

(1)　標本を無作為に抽出するには，どのような方法がありますか。1 つ書きなさい。

（　　　　　　　　）

(2)　母平均を推定しなさい。　　　　　　　（　　　　　　　　）

【標本調査の利用①】

❹ ある工場で，無作為に 150 個の製品を選んで調べたところ，不良品が 2 個ありました。この工場で 1 万個の製品をつくったら，およそ何個の不良品が出ると考えられますか。

（　　　　　　　　）

【標本調査の利用②】

❺ ある中学校 3 年生 300 人の中から，50 人を無作為抽出したら，虫歯のない生徒は 24 人でした。3 年生全体では，虫歯のない生徒はおよそ何人と考えられますか。

（　　　　　　　　）

ヒント

❶
集団の一部分を調べて全体の傾向を推測することができるかを考えます。
㋑全数調査をすると売る品物がなくなります。

❷
調査する対象となるもとの集団が母集団です。母集団から取り出した一部分が標本です。

❸
(1)かたよりのないような選び方を答えます。

テスト得ダネ
かたよりのないように選ぶには，無作為に抽出しなければなりません。この無作為とは偶然に任せるという意味です。

(2)標本の平均値を求めます。

❹
不良品の割合は，無作為に抽出した標本と母集団では，ほぼ等しいと考えられます。

❺
標本も母集団も同じ割合で虫歯のない生徒がいると考えられます。

8章

Step 3 予想テスト ● 8章 標本調査

20分　目標 40点　／50点

❶ 次のそれぞれの調査は，全数調査，標本調査のどちらですか。[知]　　12点(各3点)

☐(1)　ある中学校3年生の進路調査　　　☐(2)　カップ詰めのプリンの品質検査

☐(3)　ある高校で行う入学試験　　　　☐(4)　ある湖にいる魚の数の調査

❷ 次の文章で，正しいものには〇，正しくないものには × を書きなさい。[知]　　8点(各2点)

☐(1)　標本を無作為抽出すれば，標本の傾向と母集団の傾向はほぼ同じである。

☐(2)　日本人のある1日のテレビの視聴時間を調べるために，ある中学校の生徒全員の調査を
し，その結果をまとめた。

☐(3)　東京都で，中学生の平均身長を調査するのに，A中学校とB中学校の2校を選んだ。

☐(4)　標本調査を行うとき，母集団の一部分の取り出し方によっては，標本と母集団の傾向が
大きくちがってくることがある。

❸ ある養鶏場で，ある朝にとれた3000個の卵の中から5個の卵を標本として無作為抽出した
とき，重さが 65g, 72g, 58g, 60g, 62g でした。次の問いに答えなさい。[考]　　14点(各7点)

☐(1)　この5個の卵の重さの平均値を求めなさい。

☐(2)　(1)で求めた平均値から母平均を推定してよいですか。よくないならその理由を書きな
さい。

❹ 次の問いに答えなさい。[考]　　16点(各8点)

☐(1)　あさがおの種が1000個あり，発芽率を調べるために20個を同じ場所に植えて発芽数
を調べたら17個でした。1000個の種を植えると，およそ何個発芽すると考えられますか。

☐(2)　袋の中に同じ大きさの黒球がたくさん入っています。その数を数える代わりに，同じ大
きさの白球100個を黒球の入っている袋の中に入れ，よくかき混ぜた後，その中から100
個取り出したところ，白球が15個ふくまれていました。袋の中の黒球の個数を計算し，
十の位を四捨五入して答えなさい。

❶	(1)	(2)	(3)	(4)
❷	(1)	(2)	(3)	(4)
❸	(1)	(2)		
❹	(1)	(2)		

［解答 ▶ p.28］

① まずはテストの目標をたてよう。頑張ったら達成できそうなちょっと上のレベルを目指そう。
② 次にやることを書こう（「ズバリ英語〇ページ，数学〇ページ」など）。
③ やり終えたら□に✔を入れよう。
　最初に完ぺきな計画をたてる必要はなく，まずは数日分の計画をつくって，
　その後追加・修正していっても良いね。

目標

	日付	やること1	やること2
2週間前	／	☐	☐
	／	☐	☐
	／	☐	☐
	／	☐	☐
	／	☐	☐
	／	☐	☐
	／	☐	☐
1週間前	／	☐	☐
	／	☐	☐
	／	☐	☐
	／	☐	☐
	／	☐	☐
	／	☐	☐
	／	☐	☐
テスト期間	／	☐	☐
	／	☐	☐
	／	☐	☐
	／	☐	☐
	／	☐	☐

QRコードのページに登録すると，「ぴたリンク」からも表をダウンロードできるよ

テスト前 ☑ やることチェック表

① まずはテストの目標をたてよう。頑張ったら達成できそうなちょっと上のレベルを目指そう。
② 次にやることを書こう（「ズバリ英語○ページ，数学○ページ」など）。
③ やり終えたら□に✓を入れよう。
　最初に完ぺきな計画をたてる必要はなく，まずは数日分の計画をつくって，
　その後追加・修正していっても良いね。

目標

	日付	やること1	やること2
2週間前	／	☐	☐
	／	☐	☐
	／	☐	☐
	／	☐	☐
	／	☐	☐
	／	☐	☐
	／	☐	☐
1週間前	／	☐	☐
	／	☐	☐
	／	☐	☐
	／	☐	☐
	／	☐	☐
	／	☐	☐
	／	☐	☐
テスト期間	／	☐	☐
	／	☐	☐
	／	☐	☐
	／	☐	☐
	／	☐	☐

学校図書版 数学 3 年｜ 定期テスト ズバリよくでる ｜ **解答集**

1章 式の計算

1 多項式の計算

p.3-4 **Step ②**

❶ (1) x^2+2x　(2) $4a^2-6a$　(3) $-9x^2+6x$

(4) $3ab+a$　(5) $5x+3$　(6) $3x-2y$

(7) $9x-6y$　(8) $-10a+15b$

解き方 分配法則を使って，かっこをはずします。

$a(b+c)=ab+ac,\ (b+c)a=ab+ac$

(3) $-3x(3x-2)=-3x\times 3x+(-3x)\times(-2)$
$$=-9x^2+6x$$

(7) $\dfrac{2}{3}y=\dfrac{2y}{3}$ であることに注意します。

$(6xy-4y^2)\div\dfrac{2}{3}y=(6xy-4y^2)\times\dfrac{3}{2y}$
$$=6xy\times\dfrac{3}{2y}-4y^2\times\dfrac{3}{2y}$$
$$=9x-6y$$

(8) $(6a^2-9ab)\div\left(-\dfrac{3}{5}a\right)$

$=(6a^2-9ab)\times\left(-\dfrac{5}{3a}\right)$

$=6a^2\times\left(-\dfrac{5}{3a}\right)-9ab\times\left(-\dfrac{5}{3a}\right)$

$=-10a+15b$

❷ (1) $xy-5x+4y-20$　(2) $x^2+7x+12$

(3) a^2-4a+3　(4) $x^2-5x-24$

(5) $-12a^2+ab+6b^2$

(6) $x^2+xy-2y^2+3x+6y$

解き方 $(a+b)(c+d)=ac+ad+bc+bd$ を使います。

(1) $(x+4)(y-5)=xy-5x+4y-20$

(2) $(x+3)(x+4)=x^2+4x+3x+12$
$$=x^2+7x+12$$

(6) $(x+2y)(x-y+3)$

$=x(x-y+3)+2y(x-y+3)$

$=x^2-xy+3x+2xy-2y^2+6y$

$=x^2+xy-2y^2+3x+6y$

❸ (1) $x^2+8x+12$　(2) $y^2+2y-15$

(3) $a^2-2a-15$　(4) $x^2-12x+32$

(5) $y^2-2y-48$　(6) $x^2-10x+21$

(7) $x^2+\dfrac{5}{12}x+\dfrac{1}{24}$　(8) $a^2-\dfrac{1}{6}a-\dfrac{1}{3}$

解き方 次の乗法公式❶を使います。

❶ $(x+a)(x+b)=x^2+(a+b)x+ab$

(1) $(x+2)(x+6)=x^2+(2+6)x+2\times 6$
$$=x^2+8x+12$$

(7) $\left(x+\dfrac{1}{4}\right)\left(x+\dfrac{1}{6}\right)=x^2+\left(\dfrac{1}{4}+\dfrac{1}{6}\right)x+\dfrac{1}{4}\times\dfrac{1}{6}$
$$=x^2+\dfrac{5}{12}x+\dfrac{1}{24}$$

(8) $\left(a-\dfrac{2}{3}\right)\left(a+\dfrac{1}{2}\right)$

$=a^2+\left\{\left(-\dfrac{2}{3}\right)+\dfrac{1}{2}\right\}a+\left(-\dfrac{2}{3}\right)\times\dfrac{1}{2}$

$=a^2-\dfrac{1}{6}a-\dfrac{1}{3}$

❹ (1) x^2+4x+4　(2) a^2-6a+9

(3) $x^2+6xy+9y^2$　(4) $y^2-\dfrac{4}{3}y+\dfrac{4}{9}$

解き方 次の乗法公式❷，❸を使います。

❷ $(x+a)^2=x^2+2ax+a^2$

❸ $(x-a)^2=x^2-2ax+a^2$

(3) 公式❷を使うと，

$(x+3y)^2=x^2+2\times 3y\times x+(3y)^2$
$$=x^2+6xy+9y^2$$

(4) 公式❸を使うと，

$\left(y-\dfrac{2}{3}\right)^2=y^2-2\times\dfrac{2}{3}\times y+\left(\dfrac{2}{3}\right)^2$
$$=y^2-\dfrac{4}{3}y+\dfrac{4}{9}$$

❺ (1) a^2-9　(2) x^2-16

(3) $25-x^2$　(4) $y^2-\dfrac{1}{4}$

解き方 次の乗法公式❹を使います。

❹ $(x+a)(x-a)=x^2-a^2$

(3) $(x+5)(5-x)=(5+x)(5-x)$
$$=5^2-x^2=25-x^2$$

❻ (1) $4x^2+8x+3$ (2) $9a^2+3a-2$

(3) $4a^2+4a+1$ (4) $9x^2-2x+\dfrac{1}{9}$

(5) $9x^2-4$ (6) $4a^2-25b^2$

(7) $2x^2+2x-3$ (8) $4y+20$

(9) $2a^2-8a+7$ (10) $8xy$

(11) $x^2-2xy+y^2+9x-9y+18$

(12) $a^2+4ab+4b^2+3a+6b-10$

解き方 (1) $(2x+1)(2x+3)=(2x)^2+4\times 2x+3$
$$=4x^2+8x+3$$

(4) $\left(3x-\dfrac{1}{3}\right)^2=(3x)^2-2\times\dfrac{1}{3}\times 3x+\left(\dfrac{1}{3}\right)^2$
$$=9x^2-2x+\dfrac{1}{9}$$

(6) $2a$, $5b$ をそれぞれ1つの文字とみます。

〔公式❹ を使う〕

$(2a+5b)(2a-5b)=(2a)^2-(5b)^2=4a^2-25b^2$

(7) $x^2+(x+3)(x-1)=x^2+x^2+(3-1)x+3\times(-1)$
$$=2x^2+2x-3$$

(8) $(y+2)^2-(y+4)(y-4)$
$=y^2+2\times 2\times y+2^2-(y^2-16)$
$=y^2+4y+4-y^2+16$
$=4y+20$

(9) $(2a-3)^2-2(a-1)^2$
$=\{(2a)^2-2\times 3\times 2a+3^2\}-2(a^2-2a+1)$
$=4a^2-12a+9-2a^2+4a-2$
$=2a^2-8a+7$

(10) $(x+2y)^2-(x-2y)^2$
$=x^2+2\times 2y\times x+(2y)^2-\{x^2-2\times 2y\times x+(2y)^2\}$
$=x^2+4xy+4y^2-(x^2-4xy+4y^2)$
$=x^2+4xy+4y^2-x^2+4xy-4y^2$
$=8xy$

(11) $x-y=A$ とおきます。

$(x-y+3)(x-y+6)=(A+3)(A+6)=A^2+9A+18$

A を $x-y$ にもどします。

$A^2+9A+18=(x-y)^2+9(x-y)+18$
$$=x^2-2xy+y^2+9x-9y+18$$

(12) $a+2b=A$ とおきます。

$(a+2b-2)(a+2b+5)=(A-2)(A+5)$
$$=A^2+3A-10$$

A を $a+2b$ にもどします。

$A^2+3A-10=(a+2b)^2+3(a+2b)-10$
$$=a^2+4ab+4b^2+3a+6b-10$$

---

2 因数分解   **3 式の利用**

p.6-7   **Step ❷**

❶ (1) 共通な因数 a, 因数分解 $a(x^2-3x+4)$

(2) 共通な因数 $3y$, 因数分解 $3y(x^2-2x+4)$

解き方 (2) 3, y のそれぞれが共通な因数ですが, このようなときは, その積 $3y$ を共通な因数とします。

❷ (1) $(x+1)(x+5)$ (2) $(y+3)(y-2)$

(3) $(x+3)(x-6)$ (4) $(a-3)(a-5)$

解き方 (2) 積が -6, 和が 1 になる2数を見つけます。
$3\times(-2)=-6$, $3+(-2)=1$ より, 2つの数の積が -6 になる数の組のうち, 和が 1 になるのは 3 と -2 だから, $y^2+y-6=(y+3)(y-2)$ です。

(4) 積が 15, 和が -8 になる2数を見つけます。
$(-3)\times(-5)=15$, $(-3)+(-5)=-8$ より,
2数は -3 と -5 で, $a^2-8a+15=(a-3)(a-5)$

❸ (1) $(x+4)^2$ (2) $(y-5)^2$

(3) $(3x+1)^2$ (4) $(x-2y)^2$

解き方 (1) $x^2+8x+16=x^2+2\times 4\times x+4^2$
$$=(x+4)^2$$

(3) $9x^2+6x+1=(3x)^2+2\times 3x\times 1+1^2$
$$=(3x+1)^2$$

(4) $x^2-4xy+4y^2=x^2-2\times x\times 2y+(2y)^2$
$$=(x-2y)^2$$

❹ (1) $(x+6)(x-6)$ (2) $(5+a)(5-a)$

(3) $(3a+4b)(3a-4b)$ (4) $\left(x+\dfrac{y}{4}\right)\left(x-\dfrac{y}{4}\right)$

解き方 (3) $9a^2-16b^2=(3a)^2-(4b)^2$
$$=(3a+4b)(3a-4b)$$

(4) $x^2-\dfrac{y^2}{16}=x^2-\left(\dfrac{y}{4}\right)^2$
$$=\left(x+\dfrac{y}{4}\right)\left(x-\dfrac{y}{4}\right)$$

❺ (1) $2y(x+4)(x-4)$ (2) $4(a+1)(a-2)$

(3) $(x+y+4)(x+y-6)$ (4) $(a+2)(x-1)$

解き方 (1) 共通な因数は $2y$ です。

$2x^2y-32y=2y(x^2-16)$
$$=2y(x+4)(x-4)$$

(2) 共通な因数は 4 です。

$4a^2-4a-8=4(a^2-a-2)$
$=4(a+1)(a-2)$

(3) $x+y=A$ とおく。

$(x+y)^2-2(x+y)-24=A^2-2A-24$
$=(A+4)(A-6)$

A を $x+y$ にもどす。

$(A+4)(A-6)=(x+y+4)(x+y-6)$

(4) $ax+2x-a-2=(a+2)x-(a+2)$
$=(a+2)(x-1)$

注意 $a+2$ は共通な因数です。

❻ (例) 連続する3つの整数で，中央の数を n を整数として $3n$ とおくと，小さい方の数は $3n-1$，大きい方の数は $3n+1$ と表される。大きい方の数の2乗と小さい方の数の2乗の差は，

$(3n+1)^2-(3n-1)^2$
$=(9n^2+6n+1)-(9n^2-6n+1)$
$=12n$
$=4\times3n$

したがって，連続する3つの整数で，中央の数が3の倍数のとき，大きい方の数の2乗と小さい方の数の2乗の差は，中央の数の4倍になる。

解き方 $(3n+1)^2$，$(3n-1)^2$ は，乗法公式❷，❸を使って展開します。

$(3n+1)^2=(3n)^2+2\times1\times3n+1^2=9n^2+6n+1$
$(3n-1)^2=(3n)^2-2\times1\times3n+1^2=9n^2-6n+1$

別解 因数分解の公式❹′ を利用して，次のように計算してもよいです。

$(3n+1)^2-(3n-1)^2$
$=\{(3n+1)+(3n-1)\}\{(3n+1)-(3n-1)\}$
$=6n\times2$
$=4\times3n$

❼ -100

解き方 乗法の公式を使って，式を簡単にしてから代入します。

$(5-x)(5+x)+(x+3)(x-7)$
$=(25-x^2)+(x^2-4x-21)$
$=-4x+4$

$x=26$ を代入して $-4\times26+4=-100$

❽ (1) 896 (2) 2601
(3) 87025 (4) 100

解き方 乗法公式や因数分解の公式を使うと，簡単に計算できます。

(1) $28\times32=(30-2)\times(30+2)$
$=30^2-2^2$
$=900-4$
$=896$

(2) $51^2=(50+1)^2$
$=50^2+2\times1\times50+1^2$
$=2500+100+1$
$=2601$

(3) $295^2=(300-5)^2$
$=300^2-2\times5\times300+5^2$
$=90000-3000+25$
$=87025$

(4) $26^2-24^2=(26+24)\times(26-24)$
$=50\times2$
$=100$

❾ (1) $\ell=4a+2b+2c$

(2) (例) もっとも大きい長方形の縦は $(b+2a)$m，横は $(c+2a)$m となるから，道の面積 S は，

$S=(b+2a)(c+2a)-bc$
$=bc+2ab+2ac+4a^2-bc$
$=4a^2+2ab+2ac$
$=a(4a+2b+2c)$

$4a+2b+2c=\ell$ であるから，$S=a\ell$ である。

解き方 (1) 道の中央の線がつくる長方形の縦は，$(b+a)$m，横は，$(c+a)$m になります。

$\ell=2\{(b+a)+(c+a)\}$
$=4a+2b+2c$

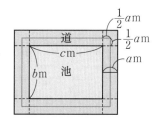

(2) 下の図のように道を分割して面積 S を求めてもよいです。

$S=4a^2+2ab+2ac$
$=a(4a+2b+2c)$

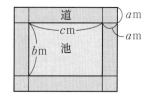

p.8-9 **Step ③**

❶ (1) $3x^2-6x$ (2) $-6ab+4b^2$ (3) $-4x+3y$
(4) $15a+9$

❷ (1) $x^2-5x-14$ (2) $2a^2+5a+2$
(3) $25x^2-4y^2$ (4) $4a^2-12a+9$

❸ (1) $3x^2+2x+4$ (2) $-a^2+8a+47$

❹ (1) $2xy(3x+2y)$ (2) $(x+2)(x-6)$
(3) $(7+x)(7-x)$ (4) $(3a-4b)^2$
(5) $(x+3)(x-1)$ (6) $(x+1)(y+2)$

❺ (1) 9984 (2) 480 (3) 10404

❻ (1) $A=10a+b$, $B=10b+a$
(2) (例) $A^2-B^2=(10a+b)^2-(10b+a)^2$
$=(100a^2+20ab+b^2)-(100b^2+20ab+a^2)$
$=99a^2-99b^2$
$=11(9a^2-9b^2)$
$9a^2-9b^2$ は整数だから、A^2 と B^2 の差は 11 の倍数である。

❼ (例)連続する 3 つの整数は、整数 n を使って、$n-1$, n, $n+1$ と表される。まん中の数の 2 乗から 1 をひいた数は、n^2-1 と表され、
$n^2-1=(n-1)(n+1)$
となるから、連続する 3 つの整数のまん中の数の 2 乗から 1 をひくと、残りの 2 数の積に等しい。

❽ 224

解き方

❶ 分配法則を使ってかっこをはずします。
(2) $(3a-2b)\times(-2b)=3a\times(-2b)-2b\times(-2b)$
$=-6ab+4b^2$
(4) $\dfrac{1}{3}b=\dfrac{b}{3}$ であることに注意します。
$(5ab+3b)\div\dfrac{1}{3}b=(5ab+3b)\times\dfrac{3}{b}$
$=5ab\times\dfrac{3}{b}+3b\times\dfrac{3}{b}$
$=15a+9$

❷ (1)(3)(4)乗法公式を使って式を展開します。
(2) 分配法則を使います。
$(a+2)(2a+1)=2a^2+a+4a+2$
$=2a^2+5a+2$
(3) $(5x+2y)(5x-2y)=(5x)^2-(2y)^2$
$=25x^2-4y^2$

❸ 乗法公式を使って展開し、同類項をまとめます。
(1) $(x-2)^2+2x(x+3)=x^2-4x+4+2x^2+6x$
$=3x^2+2x+4$
(2) $(a+3)(a+5)-2(a+4)(a-4)$
$=a^2+8a+15-2(a^2-16)$
$=-a^2+8a+47$

❹ (1)共通な因数 $2xy$ をくくり出します。
(2) 積が -12, 和が -4 になる 2 数を見つけます。
(3) 和と差の積の公式を使います。
(4) $9a^2-24ab+16b^2=(3a)^2-2\times3a\times4b+(4b)^2$
$=(3a-4b)^2$
(5) $x+2=A$ とおきます。
$(x+2)^2-2(x+2)-3=A^2-2A-3$ A を $x+2$ にもどす。
$=(A+1)(A-3)$
$=(x+2+1)(x+2-3)$
$=(x+3)(x-1)$
(6) x をふくむ項とふくまない項に分けます。
$xy+2x+y+2=(xy+2x)+(y+2)$
$=x(y+2)+(y+2)$
$=(x+1)(y+2)$

❺ (1) $96\times104=(100-4)\times(100+4)$
$=100^2-4^2$
$=10000-16$
$=9984$
(2) $43^2-37^2=(43+37)(43-37)$
$=80\times6$
$=480$
(3) $102^2=(100+2)^2=100^2+2\times2\times100+2^2$
$=10000+400+4$
$=10404$

❻ (1) $A=ab$, $B=ba$ と書くのは誤りです。
(2) 次のように考えてもよいです。
別解 $A^2-B^2=(A+B)(A-B)$
$A+B=(10a+b)+(10b+a)=11(a+b)$
$A-B=(10a+b)-(10b+a)=9(a-b)$
したがって、$A^2-B^2=11\times9(a+b)(a-b)$
これより、A^2-B^2 は 11 の倍数である。

❼ 連続する 3 つの整数を、整数 n を使って、n, $n+1$, $n+2$ と表しても証明できますが、少し複雑です。

❽ $(x-3y)(x+3y)-(x+y)(x-9y)=8xy$
これに $x=7$, $y=4$ を代入して、$8\times7\times4=224$

2章 平方根

1 平方根

p.11-12　**Step 2**

❶ (1) 7, -7　　(2) 0　　(3) 1, -1

(4) $\times$　　(5) $\dfrac{3}{4}$, $-\dfrac{3}{4}$　　(6) 0.6, -0.6

解き方 $a>0$ のとき，a^2 の平方根は a と $-a$ です。
また，$\pm$ の記号を用いて $\pm a$ と表してもよいです。

(1) $49=7^2$, $49=(-7)^2$ ➡ 7, -7

(2) 0 の平方根は 1 つだけです。$0=0^2$ ➡ 0

(3) $1=1^2$, $1=(-1)^2$ ➡ 1, -1

(4) 2 乗して負になる数はないから，負の数の平方根
はありません。

(5) $\dfrac{9}{16}=\left(\dfrac{3}{4}\right)^2$, $\dfrac{9}{16}=\left(-\dfrac{3}{4}\right)^2$ ➡ $\dfrac{3}{4}$, $-\dfrac{3}{4}$

(6) $0.36=0.6^2$, $0.36=(-0.6)^2$ ➡ 0.6, -0.6

❷ (1) $\sqrt{5}$, $-\sqrt{5}$　　(2) $\sqrt{13}$, $-\sqrt{13}$

(3) $\sqrt{0.6}$, $-\sqrt{0.6}$　　(4) $\sqrt{2.4}$, $-\sqrt{2.4}$

(5) $\sqrt{\dfrac{3}{5}}$, $-\sqrt{\dfrac{3}{5}}$　　(6) $\sqrt{\dfrac{7}{3}}$, $-\sqrt{\dfrac{7}{3}}$

解き方 a が正の数のとき，a の平方根を，根号を
使って，正の方を $\sqrt{a}$，負の方を $-\sqrt{a}$ と書きます。

❸ (1) 3　　(2) -4　　(3) 0.5

(4) $\dfrac{4}{5}$　　(5) $-\dfrac{1}{7}$　　(6) 8

解き方 (1) $\sqrt{9}=\sqrt{3^2}=3$　(2) $-\sqrt{16}=-\sqrt{4^2}=-4$

(3) $\sqrt{0.25}=\sqrt{0.5^2}=0.5$　(4) $\sqrt{\dfrac{16}{25}}=\sqrt{\left(\dfrac{4}{5}\right)^2}=\dfrac{4}{5}$

(5) $-\sqrt{\dfrac{1}{49}}=-\sqrt{\left(\dfrac{1}{7}\right)^2}=-\dfrac{1}{7}$

(6) $\sqrt{(-8)^2}=\sqrt{8^2}=8$

注意 $\sqrt{(-8)^2}=-8$ とはなりません。

❹ (1) 3　　(2) 7　　(3) 0.4

(4) 5　　(5) $\dfrac{3}{5}$　　(6) $\dfrac{1}{2}$

解き方 a を正の数とするとき，
$(\sqrt{a})^2=\sqrt{a}\times\sqrt{a}=a$, $(-\sqrt{a})^2=a$

(2) $(-\sqrt{7})^2=(-\sqrt{7})\times(-\sqrt{7})=7$

(4) $(-\sqrt{5})^2=(-\sqrt{5})\times(-\sqrt{5})=5$

(6) $\left(-\sqrt{\dfrac{1}{2}}\right)^2=\left(-\sqrt{\dfrac{1}{2}}\right)\times\left(-\sqrt{\dfrac{1}{2}}\right)=\dfrac{1}{2}$

❺ (1) $\sqrt{13}<\sqrt{15}$　　(2) $-\sqrt{6}<-\sqrt{5}$

(3) $13<\sqrt{170}$　　(4) $4<\sqrt{20}<5$

(5) $\sqrt{63}<8<\sqrt{65}$

(6) $-2<-\sqrt{3}<-\sqrt{\dfrac{1}{2}}$

解き方 a, b が正の数のとき，$a<b$ ならば，
$\sqrt{a}<\sqrt{b}$ となります。

(1) $13<15$ より，$\sqrt{13}<\sqrt{15}$

(2) $5<6$ で，$\sqrt{5}<\sqrt{6}$ であるから，$-\sqrt{5}>-\sqrt{6}$
よって，$-\sqrt{6}<-\sqrt{5}$

(3) $13=\sqrt{169}$ で，$169<170$ であるから，
$\sqrt{169}<\sqrt{170}$　よって，$13<\sqrt{170}$

(4) $5=\sqrt{25}$，$4=\sqrt{16}$ で，$16<20<25$ であるから，
$\sqrt{16}<\sqrt{20}<\sqrt{25}$　よって，$4<\sqrt{20}<5$

(5) $8=\sqrt{64}$ で，$63<64<65$ であるから，
$\sqrt{63}<\sqrt{64}<\sqrt{65}$　よって，$\sqrt{63}<8<\sqrt{65}$

(6) $2=\sqrt{4}$ で，$\dfrac{1}{2}<3<4$ であるから，
$\sqrt{\dfrac{1}{2}}<\sqrt{3}<\sqrt{4}$　よって，$\sqrt{\dfrac{1}{2}}<\sqrt{3}<2$ より，
$-2<-\sqrt{3}<-\sqrt{\dfrac{1}{2}}$

❻ 有理数 $\dfrac{9}{5}$, 0.03, $\sqrt{16}$, $\sqrt{\dfrac{49}{9}}$,
　無理数 $\sqrt{5}$, $-\sqrt{3}$

解き方 $0.03=\dfrac{3}{100}$ のように，0.03 は分数で表すこ
とができるので，有理数です。根号がついていても
無理数であるとはかぎらないことに注意します。

$\sqrt{16}=\sqrt{4^2}=4$,　$\sqrt{\dfrac{49}{9}}=\sqrt{\left(\dfrac{7}{3}\right)^2}=\dfrac{7}{3}$

❼ (1) 36

(2) A $\dfrac{3}{5}$, $\dfrac{3}{4}$,　B $\dfrac{1}{9}$, $\dfrac{7}{15}$,　C π, $\sqrt{2}$

解き方 (1) $\dfrac{4}{11}=0.363636\cdots$ となり，3 と 6 の数字の
並びがくり返し出てきます。

(2) $\pi=3.141592\cdots$ より，循環しない無限小数(分数で
表すことができないから無理数)です。

$\dfrac{1}{9}=0.1111\cdots$，$\dfrac{7}{15}=0.4666\cdots$ より循環小数です。

2 根号をふくむ式の計算

p.14-15 **Step ❷**

❶ (1) $\sqrt{50}$　　(2) $\sqrt{27}$　　(3) $-\sqrt{20}$

解き方 (1) $5\sqrt{2}=\sqrt{5^2\times2}=\sqrt{50}$

(2) $3\sqrt{3}=\sqrt{3^2\times3}=\sqrt{27}$

(3) $-2\sqrt{5}=-\sqrt{2^2\times5}=-\sqrt{20}$

注意 $-2\sqrt{5}=\sqrt{(-2)^2\times5}=\sqrt{20}$ は誤りです。

❷ (1) $3\sqrt{5}$　　(2) $6\sqrt{2}$　　(3) $20\sqrt{2}$

解き方 (1) $\sqrt{45}=\sqrt{3^2\times5}=3\sqrt{5}$

(2) $\sqrt{72}=\sqrt{2^3\times3^2}=\sqrt{(2\times3)^2\times2}=6\sqrt{2}$

(3) $\sqrt{800}=\sqrt{2^3\times10^2}=\sqrt{(2\times10)^2\times2}=20\sqrt{2}$

❸ (1) $\dfrac{\sqrt{15}}{5}$　　(2) $\dfrac{\sqrt{6}}{12}$　　(3) $\dfrac{3\sqrt{2}}{2}$

解き方 (1) $\sqrt{5}$ を分母，分子にかけます。

$\dfrac{\sqrt{3}}{\sqrt{5}}=\dfrac{\sqrt{3}\times\sqrt{5}}{\sqrt{5}\times\sqrt{5}}=\dfrac{\sqrt{15}}{5}$

(2) $\sqrt{3}$ を分母，分子にかけます。

$\dfrac{\sqrt{2}}{4\sqrt{3}}=\dfrac{\sqrt{2}\times\sqrt{3}}{4\sqrt{3}\times\sqrt{3}}=\dfrac{\sqrt{6}}{12}$

(3) 根号の中を，なるべく小さな自然数に変形してから，$\sqrt{2}$ を分母，分子にかけて有理化します。

$\dfrac{9}{\sqrt{18}}=\dfrac{9}{3\sqrt{2}}=\dfrac{3}{\sqrt{2}}=\dfrac{3\times\sqrt{2}}{\sqrt{2}\times\sqrt{2}}=\dfrac{3\sqrt{2}}{2}$

❹ (1) $\sqrt{14}$　　(2) $\sqrt{77}$　　(3) $2\sqrt{15}$

(4) $6\sqrt{7}$　　(5) $-36\sqrt{2}$　　(6) $\sqrt{5}$

(7) $7\sqrt{7}$　　(8) $-\dfrac{3\sqrt{10}}{2}$　　(9) $\dfrac{4\sqrt{3}}{9}$

解き方 (1) $\sqrt{2}\times\sqrt{7}=\sqrt{2\times7}=\sqrt{14}$

(2) $\sqrt{7}\times\sqrt{11}=\sqrt{7\times11}=\sqrt{77}$

(3) $2\sqrt{3}\times\sqrt{5}=2\sqrt{3\times5}=2\sqrt{15}$

(4) $3\sqrt{2}\times\sqrt{14}=3\sqrt{2\times14}=3\sqrt{28}=6\sqrt{7}$

(5) $4\sqrt{3}\times(-3\sqrt{6})=4\sqrt{3}\times(-3\sqrt{2\times3})$
$=4\times(-3)\times\sqrt{3}\times\sqrt{3}\times\sqrt{2}$
$=-36\sqrt{2}$

(6) $\sqrt{15}\div\sqrt{3}=\sqrt{\dfrac{15}{3}}=\sqrt{5}$

(7) $7\sqrt{35}\div\sqrt{5}=7\times\sqrt{\dfrac{35}{5}}=7\sqrt{7}$

(8) $(-15\sqrt{5})\div5\sqrt{2}=-\dfrac{15\sqrt{5}}{5\sqrt{2}}=-\dfrac{3\sqrt{5}}{\sqrt{2}}=-\dfrac{3\sqrt{10}}{2}$

(9) $\dfrac{3\sqrt{2}}{4}\div\dfrac{9\sqrt{6}}{16}=\dfrac{3\sqrt{2}}{4}\times\dfrac{16}{9\sqrt{6}}=\dfrac{4}{3\sqrt{3}}=\dfrac{4\sqrt{3}}{9}$

❺ (1) 14.14　(2) 44.72　(3) 0.4472　(4) 0.1414

解き方 小数点の位置から2けたごとに区切ります。

(1) $\sqrt{200}=\sqrt{2\times10^2}=\sqrt{2}\times10=14.14$

(2) $\sqrt{2000}=\sqrt{20\times10^2}=\sqrt{20}\times10=44.72$

(3) $\sqrt{0.2}=\sqrt{\dfrac{20}{10^2}}=\dfrac{\sqrt{20}}{10}=0.4472$

(4) $\sqrt{0.02}=\sqrt{\dfrac{2}{10^2}}=\dfrac{\sqrt{2}}{10}=0.1414$

❻ (1) $8\sqrt{2}$　(2) $6\sqrt{3}$　(3) $-2\sqrt{3}$　(4) $\dfrac{\sqrt{10}}{10}$

解き方 (1) $3\sqrt{2}+5\sqrt{2}=(3+5)\sqrt{2}=8\sqrt{2}$

(2) $7\sqrt{3}-2\sqrt{3}+\sqrt{3}=(7-2+1)\sqrt{3}=6\sqrt{3}$

(3) $\sqrt{24}-5\sqrt{3}+\sqrt{27}-2\sqrt{6}$
$=\sqrt{2^2\times6}-5\sqrt{3}+\sqrt{3^2\times3}-2\sqrt{6}$
$=2\sqrt{6}-5\sqrt{3}+3\sqrt{3}-2\sqrt{6}$
$=-2\sqrt{3}$

(4) $\dfrac{3}{\sqrt{10}}-\sqrt{\dfrac{2}{5}}=\dfrac{3\times\sqrt{10}}{\sqrt{10}\times\sqrt{10}}-\dfrac{\sqrt{2}\times\sqrt{5}}{\sqrt{5}\times\sqrt{5}}$
$=\dfrac{3\sqrt{10}}{10}-\dfrac{\sqrt{10}}{5}$
$=\dfrac{\sqrt{10}}{10}$

❼ (1) $5\sqrt{3}-6$　(2) 5　(3) $3+3\sqrt{3}$

(4) $-1-\sqrt{5}$　(5) $30+12\sqrt{6}$　(6) 4

(7) 2　(8) $8\sqrt{3}$

解き方 分配法則や乗法公式を使って計算します。

(1) $\sqrt{3}(5-2\sqrt{3})=\sqrt{3}\times5-\sqrt{3}\times2\sqrt{3}$
$=5\sqrt{3}-6$

(2) $(\sqrt{27}+\sqrt{12})\div\sqrt{3}=(3\sqrt{3}+2\sqrt{3})\div\sqrt{3}$
$=(3\sqrt{3}+2\sqrt{3})\times\dfrac{1}{\sqrt{3}}$
$=5\sqrt{3}\times\dfrac{1}{\sqrt{3}}=5$

(3) $(3+2\sqrt{3})(3-\sqrt{3})$
$=3\times3+3\times(-\sqrt{3})+2\sqrt{3}\times3+2\sqrt{3}\times(-\sqrt{3})$
$=9-3\sqrt{3}+6\sqrt{3}-6$
$=3+3\sqrt{3}$

(4) $(\sqrt{5}+2)(\sqrt{5}-3)=(\sqrt{5})^2+(2-3)\sqrt{5}+2\times(-3)$
$=5-\sqrt{5}-6$
$=-1-\sqrt{5}$

(5) $(3\sqrt{2}+2\sqrt{3})^2$
$=(3\sqrt{2})^2+2\times3\sqrt{2}\times2\sqrt{3}+(2\sqrt{3})^2$
$=18+12\sqrt{6}+12$
$=30+12\sqrt{6}$

(6) $(\sqrt{11}+\sqrt{7})(\sqrt{11}-\sqrt{7})=(\sqrt{11})^2-(\sqrt{7})^2$
$=11-7$
$=4$

(7) $(2\sqrt{5}+3\sqrt{2})(2\sqrt{5}-3\sqrt{2})$
$=(2\sqrt{5})^2-(3\sqrt{2})^2$
$=20-18$
$=2$

(8) $(\sqrt{6}+\sqrt{2})^2-(\sqrt{6}-\sqrt{2})^2$
$=(\sqrt{6}+\sqrt{2}+\sqrt{6}-\sqrt{2})(\sqrt{6}+\sqrt{2}-\sqrt{6}+\sqrt{2})$
$=2\sqrt{6}\times2\sqrt{2}$
$=4\sqrt{12}$
$=8\sqrt{3}$

❽ (1) $6\sqrt{2}$　　(2) 7　　(3) 93

解き方 (1) $x-y=(5+3\sqrt{2})-(5-3\sqrt{2})=6\sqrt{2}$
(2) $xy=(5+3\sqrt{2})(5-3\sqrt{2})$
$=5^2-(3\sqrt{2})^2$
$=25-18=7$
(3) x, y の値をそのまま代入してもよいですが，式を次のように変形して，(1)，(2)の結果を利用すると計算が簡単になり，ミスが防げます。
$x^2+xy+y^2=x^2-2xy+y^2+3xy$
$=(x-y)^2+3xy$
$=(6\sqrt{2})^2+3\times7$
$=72+21=93$

❾ (1) $(4+8\sqrt{2})\,\text{cm}^2$　　(2) $(36+16\sqrt{2})\,\text{cm}^2$

解き方 (1) 正方形㋐，㋒の1辺の長さは，
$\sqrt{8}=2\sqrt{2}\,(\text{cm})$
正方形㋑の1辺の長さは，$\sqrt{4}=2\,(\text{cm})$
よって，$EG=2\sqrt{2}+2+2\sqrt{2}=4\sqrt{2}+2\,(\text{cm})$，
$EF=2\text{cm}$ であるから，長方形 EGHF の面積は，
$(4\sqrt{2}+2)\times2=4+8\sqrt{2}\,(\text{cm}^2)$
(2) $AD=AB=EG=4\sqrt{2}+2\,(\text{cm})$ であるから，正方形 ABCD の面積は，
$(4\sqrt{2}+2)^2=36+16\sqrt{2}\,(\text{cm}^2)$

❶ (1) 8，-8　(2) 0　(3) 0.2，-0.2　(4) $\dfrac{5}{6}$，$-\dfrac{5}{6}$

❷ (1) 3　(2) 大きい　(3) ○　(4) $7\sqrt{3}$

❸ (1) $8<5\sqrt{3}$　(2) $\dfrac{1}{\sqrt{5}}<\dfrac{1}{\sqrt{3}}$
(3) $\dfrac{\sqrt{2}}{5}<\dfrac{2}{5}<\dfrac{2}{\sqrt{5}}$

❹ (1) 12.25　(2) 38.73　(3) 0.3873　(4) 0.1225

❺ (1) $6\sqrt{7}$　(2) $\dfrac{3\sqrt{6}}{8}$　(3) $5\sqrt{5}$　(4) $\sqrt{2}+7\sqrt{7}$
(5) $5\sqrt{3}$　(6) $4\sqrt{6}$　(7) $-8+2\sqrt{7}$
(8) $19-8\sqrt{3}$　(9) 13　(10) $8+4\sqrt{6}$

❻ (1) 12 個　(2) 15　(3) 3

❼ (1) $2\sqrt{5}$　(2) 1　(3) 21

❽ (1) $(\sqrt{10}-\sqrt{2})\,\text{cm}$　(2) $(42-8\sqrt{5})\,\text{cm}^2$

解き方
❶ 0以外は，平方根は正と負の2つあります。
(1) $64=8^2$ ➡ 8，-8
(3) $0.04=0.2^2$ ➡ 0.2，-0.2
(4) $\dfrac{25}{36}=\left(\dfrac{5}{6}\right)^2$ ➡ $\dfrac{5}{6}$，$-\dfrac{5}{6}$
(1)，(3)，(4)は，$\pm$ の記号を用いてもよいです。

❷ (1) $(-3)^2=3^2$ であるから，$\sqrt{(-3)^2}=3$
(2) $13<14$ より，$\sqrt{13}<\sqrt{14}$ であるから，
$-\sqrt{13}>-\sqrt{14}$
(3) $(-\sqrt{5})^2=(\sqrt{5})^2=5$
(4) 根号の中どうしは，加えることはできません。
正しい計算は，$2\sqrt{3}+5\sqrt{3}=(2+5)\sqrt{3}=7\sqrt{3}$

❸ a, b が正の数のとき，$a<b$ ならば，$\sqrt{a}<\sqrt{b}$ となります。
(1) $5\sqrt{3}=\sqrt{75}$，$8=\sqrt{64}$ で，$64<75$ より，
$\sqrt{64}<\sqrt{75}$ すなわち，$8<5\sqrt{3}$
(2) $\dfrac{1}{\sqrt{3}}=\sqrt{\dfrac{1}{3}}$，$\dfrac{1}{\sqrt{5}}=\sqrt{\dfrac{1}{5}}$ で，$\dfrac{1}{5}<\dfrac{1}{3}$ より，
$\sqrt{\dfrac{1}{5}}<\sqrt{\dfrac{1}{3}}$ すなわち，$\dfrac{1}{\sqrt{5}}<\dfrac{1}{\sqrt{3}}$
(3) $\dfrac{2}{5}=\sqrt{\dfrac{4}{25}}$，$\dfrac{\sqrt{2}}{5}=\sqrt{\dfrac{2}{25}}$，$\dfrac{2}{\sqrt{5}}=\sqrt{\dfrac{4}{5}}=\sqrt{\dfrac{20}{25}}$
で，$\dfrac{2}{25}<\dfrac{4}{25}<\dfrac{20}{25}$ より，$\sqrt{\dfrac{2}{25}}<\sqrt{\dfrac{4}{25}}<\sqrt{\dfrac{20}{25}}$
すなわち，$\dfrac{\sqrt{2}}{5}<\dfrac{2}{5}<\dfrac{2}{\sqrt{5}}$

❹ 小数点の位置から2けたごとに区切って考えます。

(1) $\sqrt{150} = \sqrt{1.5 \times 10^2} = \sqrt{1.5} \times 10 = 12.25$

(2) $\sqrt{1500} = \sqrt{15 \times 10^2} = \sqrt{15} \times 10 = 38.73$

(3) $\sqrt{0.15} = \sqrt{\dfrac{15}{10^2}} = \dfrac{\sqrt{15}}{10} = 0.3873$

(4) $\sqrt{0.015} = \sqrt{\dfrac{1.5}{10^2}} = \dfrac{\sqrt{1.5}}{10} = 0.1225$

❺ (1) $2\sqrt{3} \times \sqrt{21} = 2\sqrt{3} \times (\sqrt{3} \times \sqrt{7})$
$= 2 \times (\sqrt{3})^2 \times \sqrt{7}$
$= 6\sqrt{7}$

(2) $\dfrac{\sqrt{3}}{4} \div \dfrac{\sqrt{2}}{3} = \dfrac{\sqrt{3}}{4} \times \dfrac{3}{\sqrt{2}}$
$= \dfrac{\sqrt{3}}{4} \times \dfrac{3 \times \sqrt{2}}{\sqrt{2} \times \sqrt{2}}$
$= \dfrac{\sqrt{3}}{4} \times \dfrac{3\sqrt{2}}{2}$
$= \dfrac{3\sqrt{6}}{8}$

(3) $3\sqrt{5} + \sqrt{20} = 3\sqrt{5} + \sqrt{2^2 \times 5}$
$= 3\sqrt{5} + 2\sqrt{5}$
$= 5\sqrt{5}$

(4) $3\sqrt{2} + 4\sqrt{7} + \sqrt{63} - \sqrt{8}$
$= 3\sqrt{2} + 4\sqrt{7} + \sqrt{3^2 \times 7} - \sqrt{2^2 \times 2}$
$= 3\sqrt{2} + 4\sqrt{7} + 3\sqrt{7} - 2\sqrt{2}$
$= \sqrt{2} + 7\sqrt{7}$

(5) $8\sqrt{3} - \dfrac{9}{\sqrt{3}} = 8\sqrt{3} - \dfrac{9 \times \sqrt{3}}{\sqrt{3} \times \sqrt{3}}$
$= 8\sqrt{3} - \dfrac{9\sqrt{3}}{3}$
$= 8\sqrt{3} - 3\sqrt{3}$
$= 5\sqrt{3}$

(6) $\sqrt{24} + 2\sqrt{3} \times 3\sqrt{2} - 4\sqrt{30} \div \sqrt{5}$
$= \sqrt{2^2 \times 6} + 6\sqrt{6} - 4\sqrt{\dfrac{30}{5}}$
$= 2\sqrt{6} + 6\sqrt{6} - 4\sqrt{6}$
$= 4\sqrt{6}$

(7) $(\sqrt{7} + 5)(\sqrt{7} - 3)$
$= (\sqrt{7})^2 + (5-3)\sqrt{7} + 5 \times (-3)$
$= 7 + 2\sqrt{7} - 15$
$= -8 + 2\sqrt{7}$

(8) $(4 - \sqrt{3})^2 = 4^2 - 2 \times 4 \times \sqrt{3} + (\sqrt{3})^2$
$= 16 - 8\sqrt{3} + 3$
$= 19 - 8\sqrt{3}$

(9) $(5 + 2\sqrt{3})(5 - 2\sqrt{3}) = 5^2 - (2\sqrt{3})^2$
$= 25 - 12 = 13$

(10) $(\sqrt{2} + \sqrt{3})^2 + (\sqrt{6} + 3)(\sqrt{6} - 1)$
$= (\sqrt{2})^2 + 2 \times \sqrt{2} \times \sqrt{3} + (\sqrt{3})^2$
$\qquad + (\sqrt{6})^2 + (3-1)\sqrt{6} + 3 \times (-1)$
$= 2 + 2\sqrt{6} + 3 + 6 + 2\sqrt{6} - 3$
$= 8 + 4\sqrt{6}$

❻ (1) $6 < \sqrt{x} < 7$ であるから，$\sqrt{36} < \sqrt{x} < \sqrt{49}$
すなわち，$36 < x < 49$ であるから，x は 37 以上 48
以下の自然数で，個数は $48 - 37 + 1 = 12$(個)です。

(2) 60 を素因数分解すると，$60 = 2^2 \times 3 \times 5$ です。
これをある数の2乗にするためには，
$2^2 \times 3 \times 5$ に 3×5 をかけて，
$(2^2 \times 3 \times 5) \times 3 \times 5 = (2 \times 3 \times 5)^2 = 30^2$
とすればよいです。よって，$n = 3 \times 5 = 15$ です。

(3) x の値を直接代入して計算してもよいですが，
代入する式が $(ax - b)^2$ の形に変形できることに
着目すれば，計算が簡単になります。
$4x^2 - 4x + 1 = (2x - 1)^2 = \left(2 \times \dfrac{1 + \sqrt{3}}{2} - 1\right)^2$
$\qquad\qquad\qquad\qquad\qquad = (\sqrt{3})^2 = 3$

❼ (1) $x + y = (\sqrt{5} + 2) + (\sqrt{5} - 2) = 2\sqrt{5}$

(2) $xy = (\sqrt{5} + 2)(\sqrt{5} - 2) = 5 - 4 = 1$

(3) x, y の値をそのまま代入してもよいですが，
式を次のように変形して，(1)，(2) の結果を利用す
ると計算が簡単になり，ミスが防げます。
$x^2 + 3xy + y^2 = x^2 + 2xy + y^2 + xy$
$\qquad\qquad\quad = (x + y)^2 + xy$
$\qquad\qquad\quad = (2\sqrt{5})^2 + 1 = 20 + 1 = 21$

❽ (1) (正方形 IFCG の面積) $= 10\,\mathrm{cm}^2$ より，
IF $= \sqrt{10}$ (cm)
(正方形 IJKL の面積) $= 2\,\mathrm{cm}^2$
より，
IJ $= \sqrt{2}$ (cm)
JF $=$ IF $-$ IJ $= \sqrt{10} - \sqrt{2}$ (cm)

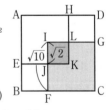

(2) (正方形 AEKH の面積) $= 10\,\mathrm{cm}^2$ より，
AE $= \sqrt{10}$ (cm)
AB $=$ AE $+$ EB
$= \sqrt{10} + \sqrt{10} - \sqrt{2}$
$= 2\sqrt{10} - \sqrt{2}$ (cm)
(正方形 ABCD の面積)
$= (2\sqrt{10} - \sqrt{2})^2$
$= 42 - 8\sqrt{5}$ (cm²)

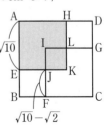
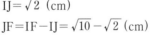

3章 2次方程式

1 2次方程式の解き方　**2 2次方程式の利用**

p.19-21　**Step 2**

❶ ⑦，⑦，⑤

解き方 $ax^2+bx+c=0$ の形になっているかどうか
を確認します。ただし，a は0ではない定数です。
⑦ 左辺が2次式です。
⑦ 右辺を移項すると，$-3x+6=0$
これは $a=0$ の場合で，2次方程式ではありません。
⑦ 定数項が0の場合で，2次方程式です。
⑤ 右辺を移項して整理すると，$3x^2-6=0$
これは1次の項の係数が0の場合で，2次方程式です。

❷ 0，2

解き方 -2，-1，0，1，2 を代入して確かめます。
・-2 を代入すると，（左辺）$=(-2)^2-2\times(-2)=8$
　よって，-2 は $x^2-2x=0$ の解ではありません。
・-1 を代入すると，（左辺）$=(-1)^2-2\times(-1)=3$
　よって，-1 は $x^2-2x=0$ の解ではありません。
・0 を代入すると，（左辺）$=0^2-2\times0=0$
　よって，0 は $x^2-2x=0$ の解です。
・1 を代入すると，（左辺）$=1^2-2\times1=-1$
　よって，1 は $x^2-2x=0$ の解ではありません。
・2 を代入すると，（左辺）$=2^2-2\times2=0$
　よって，2 は $x^2-2x=0$ の解です。

❸ (1) $x=-1$，$x=-3$　(2) $x=4$，$x=5$
　(3) $x=3$，$x=-4$　(4) $x=2$，$x=6$
　(5) $x=0$，$x=-9$　(6) $x=10$，$x=-10$
　(7) $x=-4$　　　　(8) $x=5$

解き方 与えられた式を因数分解し，「2つの数や式
を A，B とするとき，$AB=0$ ならば，$A=0$ または
$B=0$」の考え方を使います。
(1) $x^2+4x+3=0 \Rightarrow (x+1)(x+3)=0$
(2) $x^2-9x+20=0 \Rightarrow (x-4)(x-5)=0$
(3) $x^2+x-12=0 \Rightarrow (x-3)(x+4)=0$
(4) $x^2-8x+12=0 \Rightarrow (x-2)(x-6)=0$
(5) $x^2+9x=0 \Rightarrow x(x+9)=0$
(6) $x^2-100=0 \Rightarrow x^2-10^2=0 \Rightarrow (x-10)(x+10)=0$

(7) $x^2+8x+16=0 \Rightarrow (x+4)^2=0$
(8) $x^2-10x+25=0 \Rightarrow (x-5)^2=0$

❹ (1) $x=0$，$x=-1$　　(2) $x=3$，$x=-2$
　(3) $x=-4$，$x=-1$　(4) $x=-4$，$x=6$

解き方 まず，式を整理して，（2次式）$=0$ の形に変
形し，左辺を因数分解します。
(1) $(x+3)^2=5x+9 \Rightarrow x^2+6x+9=5x+9$
　$\Rightarrow x^2+x=0 \Rightarrow x(x+1)=0$
(2) $2x^2-12=(x-2)(x+3) \Rightarrow 2x^2-12=x^2+x-6$
　$\Rightarrow x^2-x-6=0 \Rightarrow (x-3)(x+2)=0$
(3) $2x^2+10x+8=0 \Rightarrow 2(x^2+5x+4)=0$
　$\Rightarrow x^2+5x+4=0 \Rightarrow (x+4)(x+1)=0$
(4) $-x^2+2x+24=0 \Rightarrow -(x^2-2x-24)=0$
　$\Rightarrow x^2-2x-24=0 \Rightarrow (x+4)(x-6)=0$

❺ (1) $x=\pm2$　(2) $x=\pm\dfrac{3}{5}$　(3) $x=\pm3\sqrt{3}$
　(4) $x=\pm\dfrac{\sqrt{5}}{3}$　(5) $x=\pm\dfrac{\sqrt{21}}{3}$　(6) $x=\pm\dfrac{3\sqrt{2}}{2}$

解き方 $x^2=a$ の解は a の平方根です。
(1) $3x^2=12$　　　　　｜両辺を3でわる。
　　$x^2=4$　◀
　　$x=\pm2$
(2) $25x^2=9$　　　　　｜両辺を25でわる。
　　$x^2=\dfrac{9}{25}$
　　$x=\pm\dfrac{3}{5}$
(3) $2x^2-54=0$　　　｜-54 を右辺に移項し，
　　$x^2=27$　◀　　｜両辺を2でわる。
　　$x=\pm3\sqrt{3}$
(4) $9x^2-5=0$　　　　｜-5 を右辺に移項し，
　　$x^2=\dfrac{5}{9}$　◀　　｜両辺を9でわる。
　　$x=\pm\dfrac{\sqrt{5}}{3}$
(5) $3x^2-7=0$　　　　｜-7 を右辺に移項し，
　　$x^2=\dfrac{7}{3}$　◀　　｜両辺を3でわる。
　　$x=\pm\sqrt{\dfrac{7}{3}}=\pm\dfrac{\sqrt{21}}{3}$
(6) $\dfrac{2}{3}x^2-3=0$　　　｜-3 を右辺に移項し，
　　$x^2=\dfrac{9}{2}$　◀　　｜両辺を $\dfrac{2}{3}$ でわる。
　　$x=\pm\sqrt{\dfrac{9}{2}}=\pm\dfrac{3\sqrt{2}}{2}$

❻ (1) $x=6$, $x=-2$　　(2) $x=-1\pm\sqrt{6}$
　　(3) $x=4\pm2\sqrt{6}$　　(4) $x=1$, $x=-2$

解き方 $(x+▲)^2=●$ の形をした2次方程式は，かっこの中をひとまとまりのものとみて解きます。

(1) $(x-2)^2=16$
$x-2=M$ とおくと，
$M^2=16$
　$M=\pm4$
M をもとにもどすと，
$x-2=\pm4$　すなわち，$x-2=4$, $x-2=-4$
したがって，$x=6$, $x=-2$

(2) $(x+1)^2=6$
$x+1=M$ とおくと，
$M^2=6$
　$M=\pm\sqrt{6}$
M をもとにもどすと，
$x+1=\pm\sqrt{6}$　したがって，$x=-1\pm\sqrt{6}$

(3) $(x-4)^2-24=0$
$(x-4)^2=24$
$x-4=M$ とおくと，
$M^2=24$
　$M=\pm2\sqrt{6}$
M をもとにもどすと，
$x-4=\pm2\sqrt{6}$　したがって，$x=4\pm2\sqrt{6}$

(4) $(2x+1)^2=9$
$2x+1=M$ とおくと，
$M^2=9$
　$M=\pm3$
M をもとにもどすと，
$2x+1=\pm3$　すなわち，$2x+1=3$, $2x+1=-3$
したがって，$x=1$, $x=-2$

❼ (1) ㋐9　㋑3　　(2) ㋒4　㋓2
　　(3) ㋔$\dfrac{25}{4}$　㋕$\dfrac{5}{2}$

解き方 左辺の（　）には，x の係数の $\dfrac{1}{2}$ の2乗が入ります。

(1) x の係数は6です。$\dfrac{6}{2}=3$, $3^2=9$

(2) x の係数は -4 です。$\dfrac{-4}{2}=-2$, $(-2)^2=4$

(3) x の係数は -5 です。$\left(\dfrac{-5}{2}\right)^2=\dfrac{25}{4}$

❽ (1) $x=-2\pm\sqrt{10}$　　(2) $x=5$, $x=1$
　　(3) $x=-1\pm\sqrt{5}$　　(4) $x=4\pm2\sqrt{5}$
　　(5) $x=\dfrac{-1\pm\sqrt{13}}{2}$

解き方 x の係数の $\dfrac{1}{2}$ の2乗を両辺に加えましょう。

(1) $x^2+4x=6$　　　┐ 両辺に4を加える。
$x^2+4x+4=6+4$ ◀─┘
　$(x+2)^2=10$
　　$x+2=\pm\sqrt{10}$
　　　$x=-2\pm\sqrt{10}$

(2) $x^2-6x=-5$　　　┐ 両辺に9を加える。
$x^2-6x+9=-5+9$ ◀─┘
　$(x-3)^2=4$
　　$x-3=\pm2$
すなわち，$x-3=2$, $x-3=-2$
したがって，$x=5$, $x=1$

(3) $x^2+2x-4=0$　　┐ -4 を右辺に移項し，
　$x^2+2x+1=4+1$ ◀┘ 両辺に1を加える。
　　$(x+1)^2=5$
　　　$x+1=\pm\sqrt{5}$
　　　　$x=-1\pm\sqrt{5}$

(4) $x^2-8x-4=0$　　　┐ -4 を右辺に移項し，
　$x^2-8x+16=4+16$ ◀┘ 両辺に16を加える。
　　$(x-4)^2=20$
　　　$x-4=\pm\sqrt{20}$
　　　　$x=4\pm2\sqrt{5}$

(5)　　$x^2+x-3=0$　　　┐ -3 を右辺に移項し，
$x^2+x+\left(\dfrac{1}{2}\right)^2=3+\left(\dfrac{1}{2}\right)^2$ ◀┘ 両辺に $\left(\dfrac{1}{2}\right)^2$ を加える。
　　$\left(x+\dfrac{1}{2}\right)^2=\dfrac{13}{4}$
　　　$x+\dfrac{1}{2}=\pm\dfrac{\sqrt{13}}{2}$
　　　　$x=\dfrac{-1\pm\sqrt{13}}{2}$

❾ ㋐3　　㋑5　　㋒-1
　㋓3　　㋔-5　　㋕5
　㋖3　　㋗-1　　㋘6
　㋙-5　　㋚37

解き方 解の公式に代入する a, b, c の値を確認します。解の公式を正確に覚えて使いこなせるようにしておきましょう。

⑩ (1) $x=\dfrac{1\pm\sqrt{5}}{2}$　　(2) $x=-2\pm2\sqrt{3}$

(3) $x=3\pm2\sqrt{3}$　　(4) $x=1,\ x=\dfrac{3}{2}$

(5) $x=\dfrac{1\pm\sqrt{33}}{4}$　　(6) $x=-\dfrac{1}{3},\ x=1$

解き方 解の公式に，$a,\ b,\ c$ の値を代入します。

(1) $a=1,\ b=-1,\ c=-1$ を代入すると，

$x=\dfrac{-(-1)\pm\sqrt{(-1)^2-4\times1\times(-1)}}{2\times1}$

$=\dfrac{1\pm\sqrt{1+4}}{2}$

$=\dfrac{1\pm\sqrt{5}}{2}$

(2) $a=1,\ b=4,\ c=-8$ を代入すると，

$x=\dfrac{-4\pm\sqrt{4^2-4\times1\times(-8)}}{2\times1}$

$=\dfrac{-4\pm\sqrt{48}}{2}$

$=\dfrac{-4\pm4\sqrt{3}}{2}$

$=-2\pm2\sqrt{3}$

(3) $a=1,\ b=-6,\ c=-3$ を代入すると，

$x=\dfrac{-(-6)\pm\sqrt{(-6)^2-4\times1\times(-3)}}{2\times1}$

$=\dfrac{6\pm\sqrt{48}}{2}$

$=\dfrac{6\pm4\sqrt{3}}{2}$

$=3\pm2\sqrt{3}$

(4) $a=2,\ b=-5,\ c=3$ を代入すると，

$x=\dfrac{-(-5)\pm\sqrt{(-5)^2-4\times2\times3}}{2\times2}$

$=\dfrac{5\pm\sqrt{1}}{4}$

$=\dfrac{5\pm1}{4}$

よって，$x=\dfrac{5-1}{4}=1,\ x=\dfrac{5+1}{4}=\dfrac{3}{2}$

(5) 式を変形すると，$2x^2-x-4=0$

解の公式に，$a=2,\ b=-1,\ c=-4$ を代入すると，

$x=\dfrac{-(-1)\pm\sqrt{(-1)^2-4\times2\times(-4)}}{2\times2}=\dfrac{1\pm\sqrt{33}}{4}$

(6) 式を変形すると，$3x^2-2x-1=0$

解の公式に，$a=3,\ b=-2,\ c=-1$ を代入すると，

$x=\dfrac{-(-2)\pm\sqrt{(-2)^2-4\times3\times(-1)}}{2\times3}$

$=\dfrac{2\pm\sqrt{16}}{6}$

$=\dfrac{2\pm4}{6}$

よって，$x=\dfrac{2-4}{6}=-\dfrac{1}{3},\ x=\dfrac{2+4}{6}=1$

⑪ 7

解き方 ある自然数を x とおくと，方程式は

$x^2=3x+28$ となります。移項して解くと，

$x^2-3x-28=0$

$(x+4)(x-7)=0$

$x=-4,\ x=7$

x は自然数だから，$x=7$

⑫ a の値 -5，もう1つの解 -1

解き方 $x^2-4x+a=0$ の x に 5 を代入すると，

$5^2-4\times5+a=0$

$25-20+a=0$

$5+a=0$

$a=-5$

よって，もとの方程式は，$x^2-4x-5=0$ となり，これを解きます。左辺を因数分解すると，

$(x+1)(x-5)=0$

$x=-1,\ x=5$

したがって，もう1つの解は，$x=-1$

別解 解の公式を使って解いてもよいです。

解の公式に，$a=1,\ b=-4,\ c=-5$ を代入すると，

$x=\dfrac{-(-4)\pm\sqrt{(-4)^2-4\times1\times(-5)}}{2\times1}$

$=\dfrac{4\pm\sqrt{36}}{2}$

$=\dfrac{4\pm6}{2}$

よって，$x=\dfrac{4-6}{2}=-1,\ x=\dfrac{4+6}{2}=5$

⑬ $-2+2\sqrt{5}$（cm）

解き方 辺 BC の長さを x cm とおくと，

$AB=(x+4)$ cm となるから，△ABC の面積について，

$\dfrac{1}{2}x(x+4)=8$

$x(x+4)=16$

$x^2+4x-16=0$

解の公式に，$a=1,\ b=4,\ c=-16$ を代入すると，

$x=\dfrac{-4\pm\sqrt{4^2-4\times1\times(-16)}}{2\times1}=\dfrac{-4\pm\sqrt{80}}{2}$

$=\dfrac{-4\pm4\sqrt{5}}{2}$

$=-2\pm2\sqrt{5}$

$x>0$ であるから，$BC=-2+2\sqrt{5}$

p.22-23　Step ❸

❶ (1) $x=\pm 3$　(2) ㋐, ㋤

❷ (1) 9　(2) 3　(3) 10　(4) $\pm\sqrt{10}$　(5) $-3\pm\sqrt{10}$

❸ (1) $x=\pm\dfrac{4}{3}$　(2) $x=2\pm\sqrt{5}$

　(3) $x=-4$, $x=3$　(4) $x=-6$, $x=1$

　(5) $x=0$, $x=7$　(6) $x=6$　(7) $x=-3$, $x=5$

　(8) $x=-1$, $x=\dfrac{3}{2}$　(9) $x=\dfrac{1\pm\sqrt{10}}{3}$

　(10) $x=-4$, $x=2$

❹ (1) -5　(2) 8

❺ 7, 8, 9

❻ (1) $20x-x^2$（m^2）　(2) 2 m

❼ (1) $0\leqq x\leqq 4$　(2) 3 秒後

解き方

❶ (1) $x^2-9=0$

　　　　$x^2=9$

　　　　$x=\pm 3$

(2) それぞれの式の x に 3, -3 を代入し, 左辺と右辺が等しくなるか調べます。

㋐ $x=3$ のとき, （左辺）$=3\times(3+3)=18$

　$x=-3$ のとき, （左辺）$=-3\times(-3+3)=0$

　（左辺）$=$（右辺）より, -3 は解です。

㋑ $x=3$ のとき, （左辺）$=3^2-2\times3=3$

　$x=-3$ のとき, （左辺）$=(-3)^2-2\times(-3)=15$

㋒ $x=3$ のとき,

　（左辺）$=2\times3^2=18$

　（右辺）$=6\times3-3=15$

　$x=-3$ のとき,

　（左辺）$=2\times(-3)^2=18$

　（右辺）$=6\times(-3)-3=-21$

㋤ $x=3$ のとき,

　（左辺）$=(3-3)^2=0$

　（左辺）$=$（右辺）より, 3 は解です。

　$x=-3$ のとき,

　（左辺）$=(-3-3)^2=36$

以上から, 解の 1 つが 3 または -3 であるものは㋐と㋤です。

❷
$$x^2+6x=1$$
$$x^2+6x+(\,(1)\,)=1+(\,(1)\,)$$
$$(x+(\,(2)\,))^2=(\,(3)\,)$$
$$x+(\,(2)\,)=(\,(4)\,)$$
$$x=(\,(5)\,)$$

（(1)）左辺の x^2+6x を $x^2+2\times3\times x$ と考え, 3^2 を両辺に加える。

（(2)）
$x^2+2\times3\times x+3^2$
$=(x+3)^2$

（(3)）
$1+3^2=10$

（(4)）
平方根の考えを使って,
$(x+3)^2=10$
$x+3=\pm\sqrt{10}$

❸ (1) $9x^2=16$

　　　$x^2=\dfrac{16}{9}$

　　　$x=\pm\sqrt{\dfrac{16}{9}}=\pm\dfrac{4}{3}$

(2) $(x-2)^2=5$

$x-2=M$ とおくと,

$M^2=5$

　$M=\pm\sqrt{5}$

M をもとにもどすと,

$x-2=\pm\sqrt{5}$

　　$x=2\pm\sqrt{5}$

(3) $(2x+1)^2=49$

$2x+1=M$ とおくと,

$M^2=49$

　$M=\pm7$

M をもとにもどすと,

$2x+1=\pm7$　すなわち, $2x+1=7$, $2x+1=-7$

したがって, $x=3$, $x=-4$

(4) 左辺を因数分解します。

　　$x^2+5x-6=0$

$(x+6)(x-1)=0$

　　　　　$x=-6$, $x=1$

(5) 左辺を因数分解します。

$x^2-7x=0$

$x(x-7)=0$

　　$x=0$, $x=7$

(6) 　　$x^2=12x-36$

$x^2-12x+36=0$

　　$(x-6)^2=0$

　　　　$x=6$

(7) $3x^2-6x-45=0$

$\qquad x^2-2x-15=0$

$\qquad (x+3)(x-5)=0$

$\qquad\qquad x=-3,\ x=5$

(8) 解の公式に，$a=2$，$b=-1$，$c=-3$ を代入して，

$x=\dfrac{-(-1)\pm\sqrt{(-1)^2-4\times2\times(-3)}}{2\times2}$

$\quad=\dfrac{1\pm\sqrt{25}}{4}$

$\quad=\dfrac{1\pm5}{4}$

よって，$x=\dfrac{1-5}{4}=-1,\ x=\dfrac{1+5}{4}=\dfrac{3}{2}$

(9) 解の公式に，$a=3$，$b=-2$，$c=-3$ を代入して，

$x=\dfrac{-(-2)\pm\sqrt{(-2)^2-4\times3\times(-3)}}{2\times3}$

$\quad=\dfrac{2\pm\sqrt{40}}{6}$

$\quad=\dfrac{2\pm2\sqrt{10}}{6}$

$\quad=\dfrac{1\pm\sqrt{10}}{3}$

(10) $(x+2)^2=2(x+2)+8$

において，$x+2=A$ とおくと，$A^2=2A+8$

移項して因数分解すると，

$(A+2)(A-4)=0$

A を $x+2$ にもどして，

$(x+2+2)(x+2-4)=0$

$\qquad (x+4)(x-2)=0$

$\qquad\qquad x=-4,\ x=2$

❹ (1) $x=-3$ を方程式に代入すると，$9-3a-24=0$

これを解いて，$a=-5$

(2) $a=-5$ を，$x^2+ax-24=0$ に代入すると，

$x^2-5x-24=0$

因数分解すると，

$(x+3)(x-8)=0$

$x=-3,\ x=8$

したがって，もう1つの解は，$x=8$

❺ 中央の数を x とすると，小さい方の数は $x-1$，

大きい方の数は $x+1$ だから，方程式は，

$x^2=5(x-1)+3(x+1)+2$

となります。これを整理して解くと，

$x^2-8x=0$

$x(x-8)=0$

$\qquad x=0,\ x=8$

x は自然数だから，$x=8$

したがって，3つの自然数は，7，8，9

❻ (1) 縦の道路の面積は $8x\,\mathrm{m}^2$，横の道路の面積は $12x\,\mathrm{m}^2$ です。2本の道路が交わる部分の面積は $x^2\,\mathrm{m}^2$ で，これが重なるから，

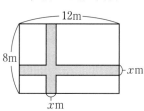

(道路の面積)$=8x+12x-x^2$

$\qquad\qquad =20x-x^2\,(\mathrm{m}^2)$

(2) 道路の面積が $36\,\mathrm{m}^2$ だから，

$\qquad 20x-x^2=36$

$\quad x^2-20x+36=0$

$(x-18)(x-2)=0$

$\qquad\qquad x=2,\ x=18$

$0<x<8$ であるから，$x=2$

別解 下の図のように，道路を移動させて考えてもよいです。

$(12-x)(8-x)$

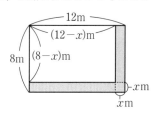

$=12\times8-36$

$96-20x+x^2=60$

$x^2-20x+36=0$

以下，本解と同じ。

❼ (1) 点 P が AB 間を動くことから，$0\le2x\le12$

すなわち，$0\le x\le6$

点 Q が BC 間を動くことから，$0\le3x\le12$

すなわち，$0\le x\le4$

点 P，Q は 12 cm の辺上を動くから，移動の速さが速い Q が，P より早く B に到達するので，x の変域は，$0\le x\le4$

(2) $\mathrm{PB}=12-2x$，$\mathrm{QB}=12-3x$ であるから，

△PBQ の面積が $9\,\mathrm{cm}^2$ になるとき，

$\dfrac{1}{2}\times(12-3x)\times(12-2x)=9$

となります。したがって，

$(6-x)(12-3x)=9$ ｜ 左辺を展開する。

$72-18x-12x+3x^2=9$ ◀

$\qquad 3x^2-30x+63=0$

$\qquad (x-3)(x-7)=0$

$\qquad\qquad x=3,\ x=7$

$0\le x\le4$ であるから，$x=3$

4章 関数 $y=ax^2$

1 関数 $y=ax^2$　　2 いろいろな関数

p.25-27　Step ❷

❶ (1) $y=5x^2$　　　　　(2) いえる

解き方 (1) (角柱の体積)＝(底面積)×(高さ)

だから，$y=\left(\dfrac{1}{2}\times x\times x\right)\times 10=5x^2$

(2) $y=ax^2$ の形になっているので，y は x の2乗に比例しているといえます。

❷ (1) $y=3x^2$　　　　　(2) $y=27$

解き方 (1) y は x の2乗に比例するから，$y=ax^2$
$x=-2$ のとき $y=12$ であるから，
$12=a\times(-2)^2$, $a=3$　したがって，$y=3x^2$
(2) $y=3x^2$ に $x=-3$ を代入して，$y=3\times(-3)^2=27$

❸ (1) ④　　　(2) ⑨　　　(3) ⑦

解き方 グラフ上で，x と y の値が整数になる点を読み取り，$y=ax^2$ に x と y の値を代入して a の値を求めます。
(1) $x=1$ のとき $y=2$ であるから，$y=ax^2$ に代入して，$2=a\times 1^2$, $a=2$ より $y=2x^2$ であるから④。
(2) $x=2$ のとき $y=1$ であるから，$y=ax^2$ に代入して，$1=a\times 2^2$, $a=\dfrac{1}{4}$ より $y=\dfrac{1}{4}x^2$ であるから⑨。
(3) $x=1$ のとき $y=-1$ であるから，$y=ax^2$ に代入して，$-1=a\times 1^2$, $a=-1$ より $y=-x^2$ であるから⑦。

❹
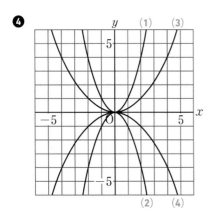

解き方 表などをかき，できるだけ多くの点をとってグラフをかきます。

❺ (1) $2\leqq y\leqq 8$　　(2) $0\leqq y\leqq 2$　　(3) $2\leqq y\leqq 8$

解き方 グラフをかいて，x の変域がどのようになるかを確認し，y の変域を考えます。

(1) $x=-4$ のとき $y=8$
$x=-2$ のとき $y=2$ より，
$-4\leqq x\leqq -2$ に対応する部分は，右の図の太い線の部分だから，求める y の変域は，$2\leqq y\leqq 8$

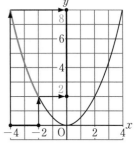

(2) $x=-2$ のとき $y=2$
$x=1$ のとき $y=\dfrac{1}{2}$ より，
$-2\leqq x\leqq 1$ に対応する部分は，右の図の太い線の部分だから，求める y の変域は，$0\leqq y\leqq 2$

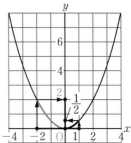

(3) $x=2$ のとき $y=2$
$x=4$ のとき $y=8$ より，
$2\leqq x\leqq 4$ に対応する部分は，右の図の太い線の部分だから，求める y の変域は，$2\leqq y\leqq 8$

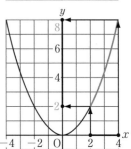

❻ (1) ① 16　　　　　② -8
　　(2) ① -2　　　　② 4

解き方 (1) ① $\dfrac{2\times 6^2-2\times 2^2}{6-2}=\dfrac{72-8}{4}=16$

② $\dfrac{2\times(-1)^2-2\times(-3)^2}{-1-(-3)}=\dfrac{2-18}{2}=-8$

(2) ① $\dfrac{-\dfrac{1}{2}\times 3^2-\left(-\dfrac{1}{2}\times 1^2\right)}{3-1}=\dfrac{-\dfrac{9}{2}+\dfrac{1}{2}}{2}=-2$

❼ (1) $a=-\dfrac{1}{2}$　　　　(2) $-\dfrac{7}{2}$

解き方 (1) 変化の割合は，
$\dfrac{a\times(-2)^2-a\times(-4)^2}{-2-(-4)}=\dfrac{4a-16a}{2}=-6a$

$-6a=3$ より，$a=-\dfrac{1}{2}$

(2) $\dfrac{-\dfrac{1}{2}\times 5^2-\left(-\dfrac{1}{2}\times 2^2\right)}{5-2}=\dfrac{-\dfrac{25}{2}+2}{3}=-\dfrac{7}{2}$

❽ (1) $y=0.05x^2$　(2) $1.8\,\mathrm{m}$　　(3) 秒速 $3\,\mathrm{m}$

解き方 (1) $y=ax^2$ とおくと，$x=4$ のとき，$y=0.8$
であるから，$0.8=a\times4^2$
これより，$a=0.05$
よって，$y=0.05x^2$
(2) $x=6$ を代入して，$y=0.05\times6^2=1.8$
(3) $y=0.45$ を代入して，$0.05x^2=0.45$
$5x^2=45$
$x^2=9$
$x=\pm3$ より，$x>0$ であるから $x=3$

❾ (1) 2.49 のとき 2，
　　3.53 のとき 4
　(2) (右の図)

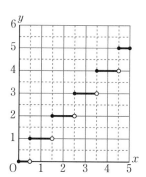

解き方 (2) $0\leqq x<0.5$ のとき $y=0$
$0.5\leqq x<1.5$ のとき $y=1$，$1.5\leqq x<2.5$ のとき $y=2$
$2.5\leqq x<3.5$ のとき $y=3$，$3.5\leqq x<4.5$ のとき $y=4$
$4.5\leqq x\leqq5$ のとき $y=5$

❿ (1) 650 円
　(2) $y=500，650，800，950，1100$
　(3) $4<x\leqq5$

解き方 (2) 下のグラフより，
$0<x\leqq2$ のとき
$y=500$
$2<x\leqq3$ のとき
$y=650$
$3<x\leqq4$ のとき
$y=800$
$4<x\leqq5$ のとき
$y=950$
$5<x\leqq6$ のとき
$y=1100$

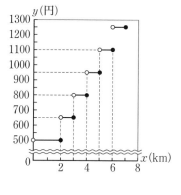

(3) (2)のグラフより，950 円では，$4\,\mathrm{km}$ をこえて $5\,\mathrm{km}$
まで走ることができます。
よって，x の範囲は，$4<x\leqq5$ です。

---

p.28-29　**Step 3**

❶ (1) $y=4\pi x^2$　(2) いえる
❷ (1) $y=6x^2$　(2) $y=54$
❸ (1) ⑦　(2) ④　(3) ⑦
❹ (1) $-4\leqq y\leqq0$　(2) $a=4$
　(3) ① 35　② -40　③ 25
❺ (1) $a=\dfrac{1}{4}$　(2)① -1　② $\dfrac{3}{2}$
❻ (1) $y=x^2$　(2) 64 個
　(3) 立方体の個数 59 個
　　 計算式 30^2-29^2
❼ (1) $y=\dfrac{1}{2}x^2$
　(2) $x=2\sqrt{2}$
　(3) $y=8$
　(4) (右の図)

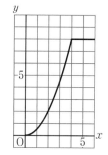

解き方

❶ (1) (円錐の体積)$=\dfrac{1}{3}\times$(底面積)$\times$(高さ)
であるから，
$y=\dfrac{1}{3}\times\pi\times x^2\times12=4\pi x^2$
(2) π は定数であるから，4π も定数です。
したがって，$y=ax^2$ の形になっているので，y は
x の2乗に比例します。

❷ (1) y は x の2乗に比例するから，$y=ax^2$
$x=-2$ のとき $y=24$ であるから，
$24=a\times(-2)^2$
$a=6$
したがって，$y=6x^2$
(2) $y=6x^2$ に $x=3$ を代入して，$y=6\times3^2=54$

❸ グラフ上で，x と y の値が整数になる点を読み取
り，$y=ax^2$ に x と y の値を代入して a の値を求
めます。
(1) $x=2$ のとき $y=4$ だから，$y=ax^2$ に代入して，
$4=a\times2^2$，$a=1$ より $y=x^2$ だから⑦。
(2) $x=3$ のとき $y=3$ だから，$y=ax^2$ に代入して，
$3=a\times3^2$，$a=\dfrac{1}{3}$ より $y=\dfrac{1}{3}x^2$ だから④。
(3) $x=2$ のとき $y=-2$ だから，$y=ax^2$ に代入して，
$-2=a\times2^2$，$a=-\dfrac{1}{2}$ より $y=-\dfrac{1}{2}x^2$ だから⑦。

別解 次のように考えてもよいです。

$y=ax^2$ において，$a<0$ のとき，グラフは下に開いた形になるので，(3)は㋐を表します。

$a>0$ のとき，グラフは上に開いた形になるから，(1)と(2)は，㋑か㋒を表します。

a の絶対値が小さくなるほど，グラフの開きは大きくなります。㋑のグラフの方が㋒のグラフより開きが大きいから，(2)は㋑を表します。

よって，(1)は㋒を表します。

❹ (1)$x=-4$ のとき $y=-4$

$x=2$ のとき $y=-1$ より，

$y=-\dfrac{1}{4}x^2$ のグラフは

右の図のようになります。

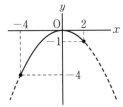

$-4\leqq x\leqq 2$ に対応する部分は，図の実線部分だから，求める y の変域は，

$-4\leqq y\leqq 0$

(2)$a>0$ なので，$1\leqq x\leqq 3$ の変域で y は増加する。

したがって，$x=1$ のとき，$y=4$ だから，

$4=a\times 1^2$ より，$a=4$

(3)① $\dfrac{5\times 6^2-5\times 1^2}{6-1}=\dfrac{180-5}{5}=\dfrac{175}{5}=35$

② $\dfrac{5\times(-3)^2-5\times(-5)^2}{(-3)-(-5)}=\dfrac{45-125}{2}=-40$

③ $\dfrac{5\times 3^2-5\times 2^2}{3-2}=45-20=25$

❺ (1)$x=2$ のとき $y=1$ だから，$y=ax^2$ に代入して，

$1=a\times 2^2$，$a=\dfrac{1}{4}$

(2)① $\dfrac{\dfrac{1}{4}\times(-1)^2-\dfrac{1}{4}\times(-3)^2}{-1-(-3)}=\dfrac{\dfrac{1}{4}\times(1-9)}{2}=-1$

② $\dfrac{\dfrac{1}{4}\times 4^2-\dfrac{1}{4}\times 2^2}{4-2}=\dfrac{\dfrac{1}{4}\times(16-4)}{2}=\dfrac{3}{2}$

❻ (1)重ねた1段目と2段目を，縦，横が同じ数になるように平面上に並べると，縦，横がともに2個の正方形になります。

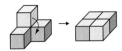

このとき，2段目までの立方体の総数は，

$2\times 2=4$(個)

次に，重ねた1段目から3段目までを，縦，横が同じ数になるように平面上に並べると，縦，横がともに3個の正方形になります。

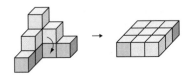

このとき，3段目までの立方体の総数は，

$3\times 3=9$(個)

このように，重ねた1段目から x 段目までを，縦，横が同じ数になるように平面上に並べると，縦，横がともに x 個の正方形になる。

したがって，x 段目までの立方体の総数は，

$x\times x=x^2$(個)だから，$y=x^2$

(2)$y=x^2$ で，$x=8$ を代入して，$y=8^2=64$

(3)30段目までの立方体の総数は 30^2 個，29段目までの総数は 29^2 個だから，30段目の個数は，

$30^2-29^2=(30+29)(30-29)$

$\qquad\qquad =59\times 1$

$\qquad\qquad =59$(個)

❼ (1)重なった部分の図形は，直角をはさむ2辺が x cm の直角二等辺三角形になるから，

$y=\dfrac{1}{2}x^2$

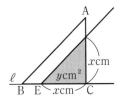

(2)△ABC の面積の半分は，

$\left(\dfrac{1}{2}\times 4\times 4\right)\times\dfrac{1}{2}=4$(cm^2)

であるから，

$\dfrac{1}{2}x^2=4$

$\quad x^2=8$

$\quad x=\pm 2\sqrt{2}$

$x>0$ であるから，$x=2\sqrt{2}$

(3)$4\leqq x\leqq 6$ のとき，△ABC はすべて △DEF の中にふくまれてしまうから，

$y=$△ABC$=8$

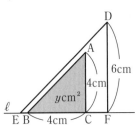

(4)$0\leqq x\leqq 4$ のとき，$y=\dfrac{1}{2}x^2$

$4\leqq x\leqq 6$ のとき，$y=8$

のグラフをかきます。

5章 相似な図形

1 相似な図形

p.31-32 **Step ❷**

❶ (1) 3：2　　(2) 6 cm

解き方 (1) 相似な図形では，対応する辺の長さの比
はすべて等しいから，AB：DE＝AC：DF
よって，求める相似比は，AB：DE＝18：12＝3：2
(2) BC：EF＝3：2 より，9：EF＝3：2
よって，EF＝$\dfrac{9 \times 2}{3}$＝6 (cm)

❷ 相似な三角形 ㋐と㋕，相似条件 ③
　相似な三角形 ㋑と㋖，相似条件 ①
　相似な三角形 ㋒と㋓，相似条件 ②

解き方 裏返すと相似に気づく場合もあります。

・㋐の三角形で，残りの内角の大きさは，
180°－(50°＋70°)＝60°
2 組の角がそれぞれ等しいから，
㋐と㋕は相似です。(㋕の三角形
で，残りの内角の大きさを求めて
もよいです。)

・㋑と㋖の三角形で，
15：7.5＝2：1，12：6＝2：1
10：5＝2：1
3 組の辺の比がすべて等し
いから，㋑と㋖は相似です。

・㋒と㋓の三角形で，
8：6＝4：3，12：9＝4：3
2 組の辺の比とその間の角
がそれぞれ等しいから，
㋒と㋓は相似です。

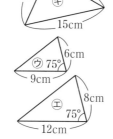

❸ (1) (例) △ABC と△AED において，
　AB：AE＝20：10＝2：1 ……①
　AC：AD＝16：8＝2：1 ……②
　∠A は共通 ……③
　①，②，③ より，2 組の辺の比とその間の角
　がそれぞれ等しいから，△ABC∽△AED
(2) 6 cm

解き方 相似な三角形を取り出し，向きをそろえます。
(1) 1 つの角が共通であることから，その角をはさむ
辺について比をとることを考えます。
(2) (1)の証明の中でわかった相似比を使います。
ED＝$x$cm とすると，
BC：ED＝2：1
　12：x＝2：1
　　x＝$\dfrac{12 \times 1}{2}$＝6 (cm)

❹ BC 20 cm　　　CD 7.2 cm

解き方 △ABC∽△DBA より，
BC：BA＝AC：DA
BC：16＝12：9.6
　BC＝$\dfrac{16 \times 12}{9.6}$
　　　＝20 (cm)

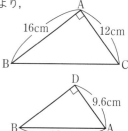

△ABC∽△DAC より，
CA：CD＝AB：DA
12：CD＝16：9.6
　CD＝$\dfrac{12 \times 9.6}{16}$
　　　＝7.2 (cm)

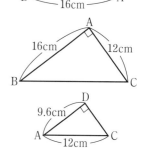

❺ (1) 2：3　　　(2) BB′ 3 cm，AC 6 cm

解き方 (1) 相似の中心から対応する点までの距離の
比が，三角形の相似比になります。
OC：OC′＝12：18＝2：3
(2) OB：OB′＝2：3 より，6：OB′＝2：3 であるから，
OB′＝$\dfrac{6 \times 3}{2}$＝9
BB′＝OB′－OB＝9－6＝3 (cm)
AC：A′C′＝2：3 より，AC：9＝2：3 であるから，
AC＝$\dfrac{9 \times 2}{3}$＝6 (cm)

❻ 52 m

解き方 △ABC∽△EFD より，
　AB：EF＝BC：FD
AB：13.8＝30：8
　　AB＝$\dfrac{13.8 \times 30}{8}$＝51.75 ➡ 52 m

❼ 12.9 m

解き方 木の高さを x m とすると，三角形の相似より，
$(x-1.5):14.3=8:10$
$$x-1.5=\frac{14.3\times8}{10}=11.44$$
$$x=12.94 \rightarrow 12.9\,\text{m}$$

❽ (1) 8.0×10^3 (km)　　　(2) $2.4\times\dfrac{1}{10^3}$ (cm)

解き方 (1) 8.0×10^3 と表すことで，上から3番目の位の数を四捨五入したことが示されます。

(2) $0.0024=2.4\div1000=2.4\times\dfrac{1}{10^3}$

---

2 平行線と相似

p.34-35　**Step ❷**

❶ (1) 同位角　　　(2) $\angle\text{RQC}$
(3) 2組の角がそれぞれ等しい
(4) QC　　　(5) PB

解き方 平行線が引かれているので，同位角や錯角を考えます。また，平行四辺形の性質の1つである「向かい合う辺の長さは等しい」を使います。

❷ (1) $x=3$, $y=10.2$　　　(2) $x=9$, $y=14$

解き方 平行線と線分の比の定理を使って求めます。

(1) PQ ∥ BC であるから，
AP : PB = AQ : QC
$8:4=6:x$
$8x=24$
$x=3$

AP : AB = PQ : BC
$8:(8+4)=6.8:y$
$8y=81.6$
$y=10.2$

(2) PQ ∥ BC であるから，
AP : AC = AQ : AB
$6:8=x:12$
$8x=72$
$x=9$

AP : AC = PQ : CB
$6:8=10.5:y$
$6y=84$
$y=14$

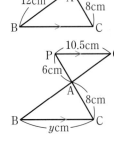

❸ (1) 12.8　　　(2) 6

解き方 平行線と線分の比の定理を使って求めます。

(1) $\ell \parallel m \parallel n$ より，
$8:x=10:16$
$10x=128$
$x=12.8$

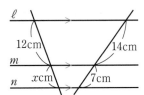

(2) 右の図のように直線を移動させると，
$\ell \parallel m \parallel n$ より，
$12:x=14:7$
$14x=84$
$x=6$

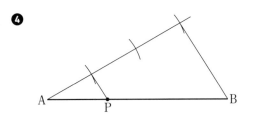

❹

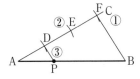

解き方 作図例の手順
① 半直線 AC を引く。
② コンパスを使って，
AD＝DE＝EF となる点
D, E, F をとる。ただし，AD の長さは適当でよい。
③ B と F を結び，三角定規を使って，D を通る FB の平行線を引き，AB との交点を P とする。
DP ∥ FB で，AD : DF＝1 : 2 であるから，
AP : PB＝1 : 2 となります。よって，作図で求めた P が，AB を 1 : 2 に分けることは示されました。

❺ (1) RQ と AB　　　(2) AB と EF

解き方 平行になる可能性のある2本の直線について，平行線と比の関係が成り立つかを調べます。

(1) PR と BC について，
AP : PB＝7.4 : 10＝37 : 50
AR : RC＝7.2 : 6＝6 : 5
したがって，PR と BC は平行ではありません。
PQ と AC について，
BP : PA＝10 : 7.4＝50 : 37
BQ : QC＝9.6 : 8＝6 : 5
したがって，PQ と AC は平行ではありません。

RQ と AB について，
CR：RA＝6：7.2＝5：6，CQ：QB＝8：9.6＝5：6
したがって，RQ∥AB です。
(2)(1)と同じように比をとって調べます。
AB と EF について，
OA：AE＝2：7，OB：BF＝3：10.5＝2：7
したがって，AB∥EF です。
AB と CD，CD と EF については，比が等しくならず，
平行にはなりません。

❻ 14 cm
解き方 A と C を結び，AC と MN との交点を P とする
と，AM：MB＝AP：PC＝DN：NC＝1：1 となります。

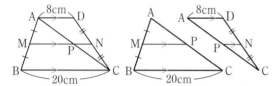

△ABC において，中点連結定理より，
$MP=\dfrac{1}{2}BC=10$（cm）
同様に，△CDA において，中点連結定理より，
$PN=\dfrac{1}{2}AD=4$（cm）
よって，MN＝MP＋PN＝14（cm）

❼ (1)中点連結　(2)BD　(3)PQ
(4)RS　(5)ひし形
解き方 P，Q，R，S がそれぞれの辺の中点である
ことから中点連結定理を使います。さらに，長方形
において，「2 つの対角線の長さは等しく，それぞれ
の中点で交わる」という性質を利用します。

3 相似と計量

p.37 **Step ❷**

❶ (1)4：5
(2)面積比 16：25，△DEF 125 cm²
解き方 (1)△ABC∽△DEF より，対応する辺の比を
とります。
BC：EF＝16：20＝4：5
(2)面積比は，$4^2：5^2＝16：25$
△DEF の面積を x cm² とすると，

80：x＝16：25
16x＝2000
x＝125
したがって，△DEF＝125 cm²

❷ △OAB 48 cm²，△OBC 64 cm²
台形 ABCD 196 cm²
解き方 △OAB と △OAD は高さが等しいから，面積
比は，底辺の比になります。
△OAB：36＝4：3 より，
3△OAB＝144
△OAB＝48（cm²）

△OAD∽△OCB で，相似比が 3：4 であるから，
△OAD：△OCB＝$3^2：4^2$ より，
36：△OCB＝9：16
9△OCB＝576
△OCB＝64（cm²）
さらに，△BDA＝△CAD であるから，
△OAB＋△OAD＝△OCD＋△OAD
したがって，
△OCD＝△OAB＝48 cm²
台形 ABCD＝△OAD＋△OAB＋△OCD＋△OCB
＝36＋48＋48＋64
＝196（cm²）

❸ (1)4：5　(2)256 cm³
解き方 (1)表面積比が 16：25 であるから，相似比は，
$\sqrt{16}：\sqrt{25}＝4：5$
(2)⑦と④の体積比は，$4^3：5^3＝64：125$
⑦の体積を x cm³ とすると，
x：500＝64：125
125x＝32000
x＝256

❹ (1)1：9　(2)1：26
解き方 (1)円錐⑦の高さは，24−16＝8（cm）
2 つの円錐の高さの比が相似比になるから，
8：24＝1：3
表面積比は，相似比の 2 乗だから，$1^2：3^2＝1：9$
(2)⑦と，もとの円錐の体積比は，$1^3：3^3＝1：27$
したがって，⑦：④＝1：(27−1)＝1：26

❶ (1) △AFE, △DBF

(2) 相似な三角形 △OAD∽△OCB

相似条件 2 組の辺の比とその間の角がそれ

ぞれ等しい。

❷ (1) 16 cm (2) 4x cm (3) 15 cm

❸ (1) 5 (2) 4.8 (3) 11

❹ (1) 12 m (2) 16 m

❺ (1) 1 : 1 (2) 6 cm

❻ (1) 5 : 3 (2) 12 cm (3) 4.8 cm

❼ (1) 3 : 5 (2) 72 cm² (3) 27 : 98

解き方

❶ (1) 三角形の内

角をすべて書

き入れると，

右図のように

なります。

△ABC と同じ

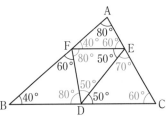

内角をもつのは △AFE と △DBF です。△DBF は

頂点の対応関係に注意して順番を正しく書きます。

(2) OA : OC=4.5 : 6=3 : 4

OD : OB=6 : 8=3 : 4

対頂角は等しいから，∠AOD=∠COB

2 組の辺の比とその間の角がそれぞれ等しいから，

△OAD∽△OCB

❷ (1) ∠ABC+∠ACB=90°，∠CAD+∠ACD=90°

より，∠ABD=∠CAD

したがって，△ABD∽△CAD

対応する辺の比は等しいから，AD : CD=BD : AD

より，12 : 9=BD : 12   よって，BD=16 cm

(2) AB : CA=AD : CD より，

AB : 3x=12 : 9=4 : 3   これを解き，AB=4x cm

(3) △ABC の面積は，AC を底辺，AB を高さと考

えると，$3x×4x×\frac{1}{2}=6x^2$

また，BC を底辺，AD を高さと考えると，

$(16+9)×12×\frac{1}{2}=150$

したがって，$6x^2=150 \Rightarrow x^2=25 \Rightarrow x=±5$

$x>0$ より，$x=5$ だから，AC=3×5=15(cm)

❸ (1) PQ∥BC より，△ABC∽△APQ であるから，

AB : AP=BC : PQ

$(10+x) : 10=18 : 12=3 : 2$

$2(10+x)=30$

$x=5$

(2) 10 : 6=8 : x より，10x=48，x=4.8

(3) △ABC∽△AED より，

AB : AE=AC : AD

$10 : 4=(4+x) : 6$

$4(4+x)=60$

$x=11$

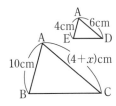

❹ (1) 木の高さを x m とすると，

$x : 1.5=14.4 : 1.8$

$1.8x=21.6$

$x=12$

(2) 木の影の長さを y m とすると，

$12 : 1.5=y : 2$

$1.5y=24$

$y=16$

❺ (1) 四角形 MBND は平行四辺形より，MD∥BN で

あるから，AP : PQ=AM : MB

AM=MB であるから，AP : PQ=1 : 1

(2) (1)と同様にして，CQ : QP=1 : 1 が成り立つ

から，AP : PQ : QC=1 : 1 : 1

したがって，$CQ=18×\frac{1}{3}=6(cm)$

❻ (1) AB∥DC より，△PAB∽△PCD になるから，

PA : PC=AB : CD=8 : 12=2 : 3

AC : PC=(2+3) : 3=5 : 3

(2) BC : QC=AC : PC であるから，

20 : QC=5 : 3 より，QC=12 cm

(3) PQ : AB=CP : CA より，

PQ : 8=3 : 5 より，PQ=4.8 cm

❼ (1) OP : PA=3 : 2 より，

OP : OA=3 : (3+2)=3 : 5

(2) △PQR∽△ABC で，面積比は相似比の 2 乗に

なるから，△PQR の面積を x cm² とすると，

$x : 200=3^2 : 5^2$ より，25x=1800

よって，x=72

(3) 三角錐 OPQR と三角錐 OABC の体積比は，

$3^3 : 5^3=27 : 125$

よって，⑦ : ⑦ =27 : (125−27)=27 : 98

6章 円

| 1 円周角と中心角 | 2 円周角の定理の利用 |

p.41-43 **Step 2**

❶ (1) ∠OAP　(2) ∠OPA　(3) ∠OAP
　(4) ∠a＋∠b　(5) ∠b　(6) ∠a

解き方 (1)は「二等辺三角形の底角は等しい」，(2)は
∠OAP，(3)は ∠OPA としてもよいです。

❷ (1) ∠x＝40°，∠y＝80°　(2) ∠x＝130°
　(3) ∠x＝90°，∠y＝40°

解き方 (1) $\overparen{AB}$ に対する円周角は等しいから，
∠APB＝∠AQB＝40°より，∠x＝40°
円周角は中心角の半分だから，∠APB＝$\frac{1}{2}$∠AOB
よって，∠AOB＝2∠APB＝80°より，∠y＝80°
(2) 円周角 ∠APB に対する中心角の大きさは，
360°－100°＝260°
したがって，∠x＝260°×$\frac{1}{2}$＝130°
(3) 半円の弧に対する円周角は 90°であるから，
∠x＝90°
三角形の内角の和は 180°であるから，
∠y＋90°＋50°＝180°より，∠y＝40°

❸ (1) 40　　(2) 4　　(3) 5

解き方 弧と円周角の定理を使います。(1)は，「等し
い弧に対する円周角は等しい」，(2)，(3)は，「等しい
円周角に対する弧は等しい」をそれぞれ使います。
(1) $\overparen{AB}＝\overparen{CD}$ において，等し
い弧に対する円周角は等しい
から，x＝40

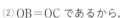

(2) OB＝OC であるから，
△OBC は，二等辺三角形
です。よって，
　∠OCB＝(180°－120°)÷2
　　　　＝30°
　　　　＝∠DAC
したがって，円周角が等しいから，
$\overparen{DC}＝\overparen{AB}$＝4cm　つまり，x＝4
(3) 円周角が等しいから，x＝5

❹ (1) ∠ADB，∠CAD，∠CBD
(2) (例)仮定より，$\overparen{AB}＝\overparen{CD}$
弧と円周角の定理より，∠ACB＝∠DBC
よって，錯角が等しいから，AC∥BD

解き方 (1) $\overparen{AB}$ に対する円周角の大きさは一定だから，
∠ACB＝∠ADB
また，等しい弧に対する円周角は等しいから，
∠ACB＝∠CAD＝∠CBD

❺ ㋐，㋑

解き方 ㋐ △AED において，
三角形の内角，外角の性質より，
∠CAD＝63°－24°＝39°
∠CBD＝∠CAD＝39°

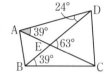

よって，4点 A，B，C，D は 1つの円周上にあります。
㋑ AB＝DC，BC は共通，
∠ABC＝∠DCB＝78°
より，2組の辺とその間の角
がそれぞれ等しいから，
△ABC≡△DCB

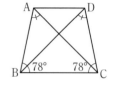

よって，∠CAB＝∠BDC であるから，4点 A，B，C，
D は 1つの円周上にあります。
㋒ ∠BAC＝54°，∠BDC＝53°で等しくないから，4
点 A，B，C，D は 1つの円周上にありません。

❻ (例)∠ACB＝∠ADB であるから，4点 A，B，
C，D は 1つの円周上にある。
$\overparen{BC}$，$\overparen{AD}$ において，円周角の定理よりそれぞ
れ，∠BAC＝∠BDC，∠ABD＝∠ACD が成り
立つ。

解き方 まず，4点 A，B，C，D
が 1つの円周上にあることを示し，
$\overparen{BC}$，$\overparen{AD}$ に対して，円周角の定理
を使って証明する。

❼ △EDC

解き方 △EAB と △EDC において，
$\overparen{BC}$ に対する円周角は等しいから，∠EAB＝∠EDC
$\overparen{AD}$ に対する円周角は等しいから，∠ABE＝∠DCE
2組の角がそれぞれ等しいから，△EAB∽△EDC

❽ (例)△ABE と △BDE において，

$\overset{\frown}{EC}$ に対する円周角だから，

∠CAE＝∠EBD

∠CAE＝∠EAB より，

∠EAB＝∠EBD ……①

共通な角だから，∠AEB＝∠BED ……②

①，②より，2組の角がそれぞれ等しいから，

△ABE∽△BDE

解き方 円周角の定理を使い，2組の角がそれぞれ等しいことを示します。

❾ 2.4 cm

解き方 $\overset{\frown}{BC}$に対する円周角は等しいから，

∠BAC＝∠CDB

また，対頂角は等しいから，∠APC＝∠DPB

以上から，△PAC∽△PDB

よって，

PA：PD＝PC：PB

10：4＝6：PB

10PB＝24

PB＝2.4（cm）

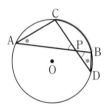

❿

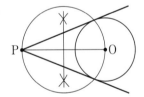

解き方 作図の手順

① 線分 OP の垂直二等分線を引き，OP との交点を M とする。

②Mを中心として，MP（MO）を半径とする円をかき，円 O との交点を A，B とする。

③PとA，PとBをそれぞれ結ぶ。

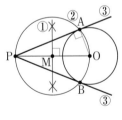

円の接線は，接点を通る半径に垂直であることから，接点を通り，半径に垂直な直線を作図すればよいです。ここでは，M を中心とする半径 MP の円を作図すれば，半円の弧に対する円周角が90°であることから，∠PAO＝90°となり，接点 A を通り，半径 OA に垂直な直線 PA を作図することができます。

---

p.44-45 **Step ❸**

❶ (1)57° (2)44° (3)38° (4)96° (5)70° (6)40°

❷ ∠x 36° ∠y 72° ∠z 108°

❸ (1)○ (2)× (3)○

❹ (1)10 cm (2)4.6 cm

❺ (1)△PAC∽△PDB (2)$\dfrac{20}{3}$ cm

❻ (例)△ACD と △AEF において，

円周角の定理より，

∠ACD＝∠AEF，∠ADC＝∠AFE

よって，2組の角がそれぞれ等しいから，

△ACD∽△AEF

❼ (1)AP AS BP BQ CR CQ DR DS

(2)10 cm

解き方

❶ (1) $\angle APB=\dfrac{1}{2}\angle AOB$ より，

$\angle x=114°\times\dfrac{1}{2}=57°$

(2) 半円の弧に対する円周角は90°であるから，

∠BCD＝90°

円周角の定理より，

∠ACD＝∠ABD＝46°

よって，∠x＝90°−46°＝44°

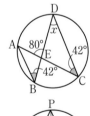

(3) 円周角の定理より，

∠ACD＝∠ABD＝42°

△CDE において，三角形の内角，外角の性質より，

∠x＝80°−42°＝38°

(4) OとPを結びます。円 O の半径だから，OA＝OB＝OP

よって，△OAP と △OBP は二等辺三角形です。よって，

∠OPA＝∠OAP＝28°，∠OPB＝∠OBP＝20°

∠x＝2∠APB＝(28°＋20°)×2＝96°

(5) FとCを結びます。円周角の定理より，

∠BFC＝∠BAC＝40°

∠CFD＝∠CED＝30°

∠x＝∠BFC＋∠CFD

＝40°＋30°＝70°

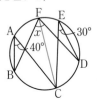

(6) ∠ABC に対する中心角は，

∠AOC＝110°×2＝220°

よって，

∠x＝220°−180°＝40°

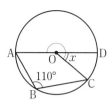

② 円の中心を O とする。円周

を A，B，C，D，E によっ

て 5 等分しているから，

∠COD＝360°÷5＝72°

円周角の定理より，

∠x＝∠COD÷2

＝72°÷2＝36°

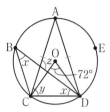

△ACD は AC＝AD の二等辺三角形であり，

∠CAD＝∠CBD＝36° であるから，

∠y＝(180°−36°)÷2＝72°

また，$\overparen{BC}＝\overparen{CD}$ より， ∠CBD＝∠BDC

三角形の内角，外角の性質より，

∠z＝∠BDC＋∠ACD＝∠x＋∠y

＝36°＋72°＝108°

別解 ∠x，∠y は次のように求めてもよいです。

円周角の定理より，

∠CAD＝∠CBD＝∠x

弧と円周角の定理より，

∠BAC＝∠CAD＝∠DAE

＝∠x

$\angle x＝\dfrac{1}{3}×108°＝36°$

∠y＝108°−∠x＝108°−36°＝72°

③ (1) △ABE において，三角形の内角，外角の性質

より，

∠BAC＝110°−55°＝55°

∠BDC＝∠BAC＝55°

よって，4 点 A，B，C，D

は 1 つの円周上にあります。

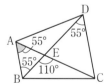

(2) ∠ABD＝65°，∠ACD＝60°

で等しくないから，4 点 A，

B，C，D は 1 つの円周上

にありません。

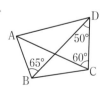

(3) 円周角の定理の逆より，

∠BAC＝∠BDC＝90°

よって，4 点 A，B，C，

D は 1 つの円周上にあります。

④ (1) △PAD∽△PCB より，

PA：PC＝DA：BC

9：6＝15：BC

BC＝10cm

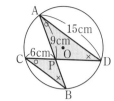

(2) △PCA∽△PDB より，

PC：PD＝PA：PB

PC：12＝4：5

PC＝9.6cm

BC＝9.6−5

＝4.6(cm)

⑤ (1) 円周角の定理より，

∠PAC＝∠PDB

∠ACP＝∠DBP

よって，2 組の角がそれぞれ

等しいから， △PAC∽△PDB

別解 対頂角の性質より， ∠CPA＝∠BPD を使っ

てもよいです。

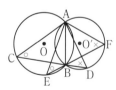

(2) △PAC∽△PDB より，

PA：PD＝PC：PB

5：PD＝6：8

6PD＝40

$PD＝\dfrac{40}{6}＝\dfrac{20}{3}(cm)$

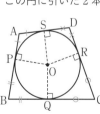

⑥ 辺の比がわからないので，角に注目します。

円があるので，円周角の

定理を使って，相似を証

明する △ACD と △AEF

にふくまれる 2 組の角に

着目し，それらが等しいことを述べましょう。

⑦ (1) 円の外部にある 1 点から，この円に引いた 2 本

の接線の長さは等しいか

ら，

AP＝AS， BP＝BQ，

CR＝CQ， DR＝DS

(2) AD＋BC

＝(AS＋SD)＋(BQ＋QC)

＝(AP＋RD)＋(BP＋RC)

＝(AP＋BP)＋(RD＋RC)

＝AB＋DC

よって， AB＋DC＝AD＋BC＝10(cm)

23

7章 三平方の定理

1 三平方の定理

p.47-48 **Step 2**

❶ (1) $x=15$　　　　　(2) $x=8$

　(3) $x=5$　　　　　(4) $x=\sqrt{6}$

解き方 三平方の定理にあてはめます。

(1) 斜辺が $x\,\mathrm{cm}$ であるから，$9^2+12^2=x^2$

$81+144=x^2$

$\qquad x^2=225$

$x>0$ であるから，$x=\sqrt{225}=15$

(2) 斜辺が $17\,\mathrm{cm}$ であるから，$x^2+15^2=17^2$

$x^2+225=289$

$\qquad x^2=64$

$x>0$ であるから，$x=\sqrt{64}=8$

(3) 斜辺が $13\,\mathrm{cm}$ であるから，$12^2+x^2=13^2$

$\qquad x^2=169-144=25$

$x>0$ であるから，$x=\sqrt{25}=5$

(4) 斜辺が $\sqrt{15}\,\mathrm{cm}$ であるから，$3^2+x^2=\left(\sqrt{15}\right)^2$

$\qquad x^2=15-9=6$

$x>0$ であるから，$x=\sqrt{6}$

❷ $x=12,\ y=9$

解き方 △ACD において，斜辺が $20\,\mathrm{cm}$ であるから，

$x^2+16^2=20^2$

$\qquad x^2=144$

$x>0$ であるから，$x=\sqrt{144}=12$

△ABD において，斜辺が $15\,\mathrm{cm}$ であるから，

$y^2+12^2=15^2$

$\qquad y^2=81$

$y>0$ であるから，$y=\sqrt{81}=9$

　別解 y は，次のように考えてもよいです。

　直角三角形 ABC において，

　$\mathrm{BC}=(y+16)\,\mathrm{cm}$

　BC は斜辺だから，

　$20^2+15^2=(y+16)^2$

　$(y+16)^2=625$

　$\qquad y+16=\pm25$

　$\qquad\qquad y=9,\ y=-41$

$y>0$ であるから，$y=9$

❸ (1) $\sqrt{85}\,\mathrm{cm}$　　　　(2) $9\,\mathrm{cm}$

　(3) $2\sqrt{3}\,\mathrm{cm}$　　　　(4) $25\,\mathrm{cm}$

解き方 斜辺の長さを $x\,\mathrm{cm}$ として，三平方の定理にあてはめます。

(1) $7^2+6^2=x^2$

$\qquad x^2=85$

$x>0$ であるから，$x=\sqrt{85}$

(2) $\left(4\sqrt{2}\right)^2+7^2=x^2$

$\qquad\qquad x^2=81$

$x>0$ であるから，$x=9$

(3) $\left(\sqrt{5}\right)^2+\left(\sqrt{7}\right)^2=x^2$

$\qquad\qquad x^2=12$

$x>0$ であるから，$x=\sqrt{12}=2\sqrt{3}$

(4) $7^2+24^2=x^2$

$\qquad\qquad x^2=625$

$x>0$ であるから，$x=25$

❹ (1) 6　　　(2) $6\sqrt{2}$　　　(3) 12

　(4) $2\sqrt{3}$　　(5) $4\sqrt{3}$

解き方 (1) $a^2+8^2=10^2$ より，$a^2=100-64=36$

$a>0$ であるから，$a=6$

(2) $c^2=6^2+6^2=36+36=72$

$c>0$ であるから，$c=\sqrt{72}=6\sqrt{2}$

(3) $5^2+b^2=13^2$ より，$b^2=169-25=144$

$b>0$ であるから，$b=12$

(4) $a^2+\left(\sqrt{6}\right)^2=\left(3\sqrt{2}\right)^2$ より，$a^2=18-6=12$

$a>0$ であるから，$a=\sqrt{12}=2\sqrt{3}$

(5) $c^2=\left(2\sqrt{3}\right)^2+6^2=12+36=48$

$c>0$ であるから，$c=\sqrt{48}=4\sqrt{3}$

❺ (例) 斜線部分は，1辺が $b-a$ の正方形となるから，その面積は $(b-a)^2$

　また，1辺 c の正方形から図1の直角三角形4つをとり除いたものに等しいから，

$$(b-a)^2=c^2-\frac{1}{2}ab\times4$$

$$b^2-2ab+a^2=c^2-2ab$$

したがって，$a^2+b^2=c^2$

解き方 斜線部分の面積を2通りの方法で表し，等号で結んで，式を整理します。

⑥ ㋑, ㋓, ㋔

解き方 3辺の長さ a, b, c の間に，$a^2+b^2=c^2$ の関係が成り立つかどうかを調べればよいです。このとき，もっとも長い辺を c とします。

㋐ $a=5$, $b=6$, $c=7$ とすると，
$a^2+b^2=5^2+6^2=61$, $c^2=7^2=49$

㋑ $a=6$, $b=8$, $c=11$ とすると，
$a^2+b^2=6^2+8^2=100$, $c^2=11^2=121$

㋒ $a=\sqrt{3}$, $b=\sqrt{7}$, $c=\sqrt{10}$ とすると，
$a^2+b^2=(\sqrt{3})^2+(\sqrt{7})^2=10$
$c^2=(\sqrt{10})^2=10$

㋓ $a=1.8$, $b=2.4$, $c=3$ とすると，
$a^2+b^2=1.8^2+2.4^2=9$, $c^2=3^2=9$

㋔ $a=11$, $b=60$, $c=61$ とすると，
$a^2+b^2=11^2+60^2=3721$, $c^2=61^2=3721$

㋕ $3=\sqrt{9}$, $3\sqrt{3}=\sqrt{27}$, $7=\sqrt{49}$ より，
$3<3\sqrt{3}<7$
だから，$a=3$, $b=3\sqrt{3}$, $c=7$ とすると，
$a^2+b^2=3^2+(3\sqrt{3})^2=36$, $c^2=7^2=49$

よって，㋑，㋓，㋔が直角三角形です。

2 三平方の定理の利用

p.50-51 **Step ②**

❶ (1) $4\sqrt{2}$ cm　(2) $2\sqrt{13}$ cm

解き方 求める対角線の長さを $x$cm とします。
(1) $4^2+4^2=x^2$
　　$16+16=x^2$
　　　　$x^2=32$
$x>0$ であるから，$x=\sqrt{32}=4\sqrt{2}$
(2) $4^2+6^2=x^2$
　　$16+36=x^2$
　　　　$x^2=52$
$x>0$ であるから，$x=\sqrt{52}=2\sqrt{13}$

❷ (1) $x=6\sqrt{2}$, $y=3\sqrt{2}$
　(2) $x=4\sqrt{6}$, $y=8\sqrt{6}$

解き方 (1) $\angle B=45°$ であるから，△ABC は直角二等辺三角形です。よって，
$x:6=\sqrt{2}:1$ より，$x=6\sqrt{2}$

△ADC も直角二等辺三角形であるから，
$y:6=1:\sqrt{2}$ より，$y=3\sqrt{2}$

(2) △ABC は直角二等辺三角形であるから，
$AC:12=\sqrt{2}:1$ より，$AC=12\sqrt{2}$

△ACD は $60°$ の角をもつ直角三角形であるから，
$x:12\sqrt{2}=1:\sqrt{3}$ より，$x=4\sqrt{6}$
$AD=DC\times2$ だから，$y=4\sqrt{6}\times2=8\sqrt{6}$

❸ 弦 AB $2\sqrt{5}$ cm，線分 PA $2\sqrt{10}$ cm

解き方 O と A を結びます。直角三角形 OAH で，
$AH^2+OH^2=OA^2$

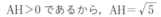

　　$AH^2+2^2=3^2$
　　　　$AH^2=9-4=5$
$AH>0$ であるから，$AH=\sqrt{5}$
$AB=2AH=2\sqrt{5}$ (cm)
直角三角形 OPA で，
$PA^2+OA^2=OP^2$
　　$PA^2+3^2=7^2$
　　　　$PA^2=49-9=40$
$PA>0$ であるから，$PA=\sqrt{40}=2\sqrt{10}$ (cm)

❹ (1) $2\sqrt{10}$　　　　(2) $\sqrt{41}$

解き方 図をかいて考えます。

(1) 右の図より，
$AB^2=2^2+6^2$
　　　$=40$
$AB>0$ であるから，
$AB=2\sqrt{10}$

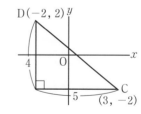

(2) 右の図より，
$CD^2=4^2+5^2$
　　　$=41$
$CD>0$ であるから，
$CD=\sqrt{41}$

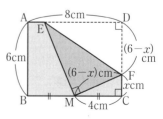

❺ $\dfrac{5}{3}$ cm

解き方 △EMF は
△EDF を折ったものだから，
△EMF≡△EDF
よって，MF=DF

CF＝x cm とすると，DF＝$(6-x)$cm であるから，

MF＝DF＝$(6-x)$cm

△FCM は直角三角形であるから，

$x^2+4^2=(6-x)^2$

$x^2+16=36-12x+x^2$

$12x=20$

$x=\dfrac{20}{12}=\dfrac{5}{3}$

❻ (1) $5\sqrt{5}$ cm　　　　(2) $5\sqrt{2}$ cm

解き方 (1) △EFG において，

$EG^2=6^2+8^2$

△CEG において，

$CE^2=CG^2+EG^2$

$=5^2+(6^2+8^2)=125$

CE＞0 であるから，CE＝$\sqrt{125}=5\sqrt{5}$（cm）

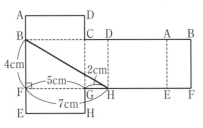

(2) $EG^2=6^2+8^2=100$

EG＞0 であるから，EG＝10

MG＝$10\div2=5$

$CM^2=MG^2+CG^2=5^2+5^2=50$

CM＞0 であるから，CM＝$\sqrt{50}=5\sqrt{2}$（cm）

❼ $\sqrt{65}$ cm

解き方

展開図をかい
て考えます。
長さがもっと
も短くなると
きの糸のよう

すをかくと，展開図のように，線分 BH になります。

△BFH は直角三角形であるから，

$BH^2=4^2+7^2=65$

BH＞0 であるから，BH＝$\sqrt{65}$ cm

❽ 100π cm^3

解き方 △AOB において，

$AO^2+5^2=13^2$

$AO^2=169-25=144$

AO＞0 であるから，AO＝12

よって，円錐の体積は，

$\dfrac{1}{3}\times\pi\times5^2\times12=100\pi$（cm^3）

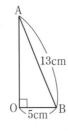

---

p.52-53 **Step ❸**

❶ (1) $x=2\sqrt{5}$　(2) $x=4\sqrt{2}$　(3) $x=2\sqrt{14}$

❷ (1) ×　(2) ○　(3) ×　(4) ○

❸ AB $8\sqrt{3}$ cm　BC $4\sqrt{3}$ cm　AD $6\sqrt{2}$ cm

　CD $6\sqrt{2}$ cm

❹ (1) $16\sqrt{3}$ cm^2　(2) $6\sqrt{2}$　(3) $12\sqrt{2}$ cm

❺ $4\sqrt{3}$ cm

❻ (1) $\angle DBF$，$\angle FDB$　(2) $(9-x)$cm　(3) $\dfrac{5}{2}$ cm

❼ $\dfrac{16\sqrt{17}}{3}$ cm^3

❽ (1) $\sqrt{22}$ cm　(2) $2\sqrt{13}$ cm

解き方

❶ (1) $2^2+4^2=x^2$，$x^2=20$

$x>0$ より，$x=\sqrt{20}=2\sqrt{5}$

(2) $x^2+7^2=9^2$，$x^2=32$

$x>0$ より，$x=\sqrt{32}=4\sqrt{2}$

(3) △ABD において，

$AD^2+6^2=x^2$

$AD^2=x^2-36$

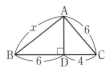

△ACD において，$AD^2+4^2=6^2$，$AD^2=20$

よって，$x^2-36=20$，$x^2=56$

$x>0$ であるから，$x=\sqrt{56}=2\sqrt{14}$

❷ もっとも長い辺を c とし，3辺の長さ a，b，c の
間に $a^2+b^2=c^2$ の関係が成り立つかを調べます。

(1) $a=4$，$b=5$，$c=7$ とすると，

$a^2+b^2=4^2+5^2=41$，$c^2=49$

(2) $a=0.9$，$b=1.2$，$c=1.5$ とすると，

$a^2+b^2=0.9^2+1.2^2=2.25$，$c^2=2.25$

(3) $2\sqrt{3}=\sqrt{12}$，$3=\sqrt{9}$ であるから，

$a=2$，$b=3$，$c=2\sqrt{3}$ とすると，

$a^2+b^2=2^2+3^2=13$，$c^2=12$

(4) $2\sqrt{2}=\sqrt{8}$ であるから，

$a=\sqrt{2}$，$b=\sqrt{6}$，$c=2\sqrt{2}$ とすると，

$a^2+b^2=(\sqrt{2})^2+(\sqrt{6})^2=8$

$c^2=(2\sqrt{2})^2=8$

❸ △ABC は，30°，60°，90° の
直角三角形であるから，

AB：BC：AC＝2：1：$\sqrt{3}$

AC＝12cm より，

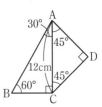

$AB : AC = 2 : \sqrt{3}$

$AB : 12 = 2 : \sqrt{3}$

$\sqrt{3}\,AB = 24$

$AB = \dfrac{24}{\sqrt{3}} = 8\sqrt{3}$ (cm)

$BC : AB = 1 : 2$

$BC : 8\sqrt{3} = 1 : 2$

$2BC = 8\sqrt{3}$

$BC = 4\sqrt{3}$ (cm)

△ACDは，45°，45°，90°の直角二等辺三角形であるから，

$AC : AD : CD = \sqrt{2} : 1 : 1$

$AD : AC = 1 : \sqrt{2}$

$AD : 12 = 1 : \sqrt{2}$

$\sqrt{2}\,AD = 12$

$AD = \dfrac{12}{\sqrt{2}} = 6\sqrt{2}$ (cm)

$CD = AD = 6\sqrt{2}$ cm

❹(1)頂点 A から辺 BC に垂線 AD を引くと，D は BC の中点です。△ABD で，

$AD^2 + 4^2 = 8^2$

$AD^2 = 64 - 16 = 48$

$AD > 0$ より，$AD = 4\sqrt{3}$ cm

求める面積は，$\dfrac{1}{2} \times 8 \times 4\sqrt{3} = 16\sqrt{3}$ (cm²)

(2)AB を斜辺として，他の2辺が座標軸に平行な直角三角形をつくると，A，B，C の座標はそれぞれ，A(4, 8)，B(−2, 2)，C(4, 2) なので，

$BC = 4 - (-2) = 6$

$AC = 8 - 2 = 6$

$AB^2 = 6^2 + 6^2 = 72$

$AB > 0$ であるから，

$AB = \sqrt{72} = 6\sqrt{2}$

(3)右下の図より，△OAH≡△OBH であるから，点 H は AB の中点となります。

$AH = x$ cm とすると，△OAH は直角三角形であるから，

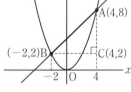

$x^2 + 3^2 = 9^2$

$x^2 = 72$

$x > 0$ であるから，$x = \sqrt{72} = 6\sqrt{2}$

$AB = 2AH = 2 \times 6\sqrt{2} = 12\sqrt{2}$ (cm)

❺接点を P とすると，次の図の△AOP は斜辺が 8cm の直角三角形であるから，

$AP^2 + 4^2 = 8^2$

$AP^2 = 48$

$AP > 0$ であるから，

$AP = \sqrt{48} = 4\sqrt{3}$ (cm)

❻(1)BD を折り目として折り返したので，

$\angle DBC = \angle DBF$

AD // BC より，錯角が等しいから，

$\angle DBC = \angle FDB$

(2)(1)より，$\angle DBF = \angle FDB$ だから，△FBD は二等辺三角形です。

(3)直角三角形 ABF において，

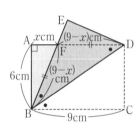

$x^2 + 6^2 = (9-x)^2$

$x^2 + 36 = 81 - 18x + x^2$

$18x = 45$

$x = \dfrac{45}{18} = \dfrac{5}{2}$

❼底面に対角線を引くと，△ABC は 45°，45°，90° の直角三角形であるから，

$AC = 4\sqrt{2}$ cm

よって，$AH = 2\sqrt{2}$ cm

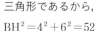

△OAH も直角三角形だから，

$5^2 = (2\sqrt{2})^2 + OH^2$

$OH^2 = 17$

$OH > 0$ より，$OH = \sqrt{17}$ cm

体積は，$\dfrac{1}{3} \times 4 \times 4 \times \sqrt{17} = \dfrac{16\sqrt{17}}{3}$ (cm³)

❽(1)点 M を通り，面 ABCD に平行な面を PQRM とします。BM は，直方体 ABCD−PQRM の対角線だから，

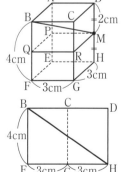

$BM = \sqrt{2^2 + 3^2 + 3^2}$

$= \sqrt{22}$ (cm)

(2)長さがもっとも短くなるときの糸は，右の展開図において，線分 BH になります。△BFH は直角三角形であるから，

$BH^2 = 4^2 + 6^2 = 52$

$BH > 0$ であるから，$BH = \sqrt{52} = 2\sqrt{13}$ (cm)

8章 標本調査

1 標本調査

❶ ㋑，㋒

解き方 全体を調査するのに時間や費用がかかりすぎたり，全部を調べるわけにはいかない場合に標本調査を行いますが，㋔のように台数が多くても全数調査が必要な場合もあります。
㋔どの自動車のブレーキも効かなければならないので全数調査が必要です。

❷ 母集団 全校生徒720人，
　　標本 選ばれた100人の生徒

解き方 調査する対象となるもとの集団が母集団です。母集団から取り出した一部分が標本です。

❸ (1) (例)乱数表を用いる。　　(2) 23.9 m

解き方 (1)かたよりのないように無作為に抽出し，標本が母集団の正しい縮図になるように選ぶ方法を答えます。標本を無作為抽出するためには，くじ引きを用いる方法，乱数さいや乱数表，コンピュータの表計算ソフトを用いる方法などがあります。
(2)標本平均を母平均と考えます。

❹ およそ133個

解き方 母集団にも，標本と同じ比率で不良品があると考えられます。製品全体のうち，不良品の総数を x 個とします。無作為抽出された製品の数は150個で，その中にふくまれる不良品が2個だから，
$10000 : x = 150 : 2$ より，$150x = 20000$
$x = \dfrac{20000}{150} = 133.3\cdots$
よって，不良品の総数は，およそ，133個です。

❺ およそ144人

解き方 3年生全体のうち，虫歯のない生徒の数を x 人とします。無作為抽出された50人の生徒の中にふくまれる虫歯のない生徒の数は24人だから，
$300 : x = 50 : 24$ より，$50x = 7200$，$x = 144$

❶ (1) 全数調査　(2) 標本調査　(3) 全数調査
(4) 標本調査

❷ (1) ○　(2) ×　(3) ×　(4) ○

❸ (1) 63.4g　(2) よくない。母集団の大きさに比べて標本の大きさが小さいから。

❹ (1) およそ850個　(2) およそ600個

解き方

❶ (1)ある中学校3年生の進路調査は，3年生全員にそれぞれ行う調査だから，全数調査でなければなりません。
(2)検査をすると商品がなくなるので，全数調査はできません。
(3)ある高校で行う入学試験は，受験者全員の点数を知るために，全数調査でなければなりません。
(4)ある湖にいる魚の数の調査を全数調査で行うことは，時間も費用もかかりすぎます。

❷ (2)日本人のある1日のテレビの視聴時間は，ある中学校の生徒全員ではなく，日本人の中から標本を，無作為抽出しなければなりません。
(3)特定の学校ではなく，東京都全域の各学年の中学生から標本を無作為抽出しなければなりません。

❸ (1) $(65+72+58+60+62)\div 5 = 317 \div 5 = 63.4$
(2)標本の数が多い方が，推定の信頼性が高いです。

❹ (1)種1000個のうち，発芽する種の総数を x 個とします。無作為抽出された種の数は20個で，その中にふくまれる発芽する種が17個だから，
$1000 : x = 20 : 17$
$20x = 17000$
$x = 850$
よって，発芽する種の総数は，およそ850個。
(2)袋の中の黒球の総数を x 個とします。白球を100個入れたあと，無作為抽出された球の数は100個で，その中にふくまれる白球の数が15個だから，
$(x+100) : 100 = 100 : 15$
$10000 = 15(x+100)$
$10000 = 15x + 1500$
$x = \dfrac{8500}{15} = 566.6\cdots$
十の位を四捨五入すると，およそ600個。

テスト前 ☑ やることチェック表

① まずはテストの目標をたてよう。頑張ったら達成できそうなちょっと上のレベルを目指そう。
② 次にやることを書こう（「ズバリ英語〇ページ，数学〇ページ」など）。
③ やり終えたら□に✔を入れよう。
　最初に完ぺきな計画をたてる必要はなく，まずは数日分の計画をつくって，
　その後追加・修正していっても良いね。

目標

	日付	やること1	やること2
2週間前	／	☐	☐
	／	☐	☐
	／	☐	☐
	／	☐	☐
	／	☐	☐
	／	☐	☐
	／	☐	☐
1週間前	／	☐	☐
	／	☐	☐
	／	☐	☐
	／	☐	☐
	／	☐	☐
	／	☐	☐
	／	☐	☐
テスト期間	／	☐	☐
	／	☐	☐
	／	☐	☐
	／	☐	☐
	／	☐	☐

テスト前 ☑ やることチェック表

① まずはテストの目標をたてよう。頑張ったら達成できそうなちょっと上のレベルを目指そう。
② 次にやることを書こう（「ズバリ英語〇ページ，数学〇ページ」など）。
③ やり終えたら□に✓を入れよう。
　最初に完ぺきな計画をたてる必要はなく，まずは数日分の計画をつくって，
　その後追加・修正していっても良いね。

目標

	日付	やること1	やること2
2週間前	／	□	□
	／	□	□
	／	□	□
	／	□	□
	／	□	□
	／	□	□
	／	□	□
1週間前	／	□	□
	／	□	□
	／	□	□
	／	□	□
	／	□	□
	／	□	□
	／	□	□
テスト期間	／	□	□
	／	□	□
	／	□	□
	／	□	□
	／	□	□

数学3年　学校図書版

ズバリよくでる 直前

チェック BOOK

■ テストに**ズバリよくでる**!
■ **用語・公式や例題**を掲載!

数学

学校図書版

3年

赤シートで何度でも!

1 多項式と単項式の乗法，除法

□単項式と多項式の乗法は，分配法則

$$a(b+c)=\boxed{ab+ac}，\quad(b+c)a=\boxed{ab+ac}$$

を使って，かっこをはずすことができる。

□多項式を単項式でわる除法は，式を分数の形で表して計算するか，$\boxed{乗法}$ に直して計算する。

2 式の展開

□$(a+b)(c+d)=\boxed{ac+ad+bc+bd}$

|例| $(x+3)(y-2)=\boxed{xy}-2x+3y-\boxed{6}$

3 重要 乗法公式

□$(x+a)(x+b)=\boxed{x^2+(a+b)x+ab}$

|例| $(x+1)(x-2)=x^2+(1-2)x+\boxed{1\times(-2)}$
$$=\boxed{x^2-x-2}$$

□$(x+a)^2=\boxed{x^2+2ax+a^2}$

|例| $(x+3)^2=x^2+2\times\boxed{3}\times x+\boxed{3}^2$
$$=\boxed{x^2+6x+9}$$

□$(x-a)^2=\boxed{x^2-2ax+a^2}$

□$(x+a)(x-a)=\boxed{x^2-a^2}$

|例| $(x+4)(x-4)=x^2-\boxed{4}^2$
$$=\boxed{x^2-16}$$

1章 式の計算

教 p.25〜32

1 共通な因数

□多項式の各項に共通な因数があるときは，共通な因数をかっこの外にくくり出し，その多項式を因数分解することができる。

例 $ab+ac=a\times\boxed{b}+a\times\boxed{c}=\boxed{a(b+c)}$

2 重要 公式による因数分解

□$x^2+(a+b)x+ab=\boxed{(x+a)(x+b)}$

例 $x^2+5x+6=\boxed{(x+2)(x+3)}$

□$x^2+2ax+a^2=\boxed{(x+a)^2}$

例 $x^2+8x+16=x^2+2\times\boxed{4}\times x+\boxed{4}^2=\boxed{(x+4)^2}$

□$x^2-2ax+a^2=\boxed{(x-a)^2}$

□$x^2-a^2=\boxed{(x+a)(x-a)}$

例 $x^2-9=x^2-\boxed{3}^2=\boxed{(x+3)(x-3)}$

3 いろいろな因数分解

□$2ax^2-4ax+2a$ を因数分解するときは，共通因数 $\boxed{2a}$ をかっこの外にくくり出し，さらに因数分解する。

$$2ax^2-4ax+2a=\boxed{2a}(x^2-2x+1)$$
$$=\boxed{2a(x-1)^2}$$

□$(x+y)a-(x+y)b$ を因数分解するときは，式の中の共通な部分 $\boxed{x+y}$ を M とおきかえて考える。

$$(x+y)a-(x+y)b=\boxed{Ma}-\boxed{Mb}$$
$$=M(a-b)$$
$$=\boxed{(x+y)(a-b)}$$

教 p.46～54

1 近似値

□真の値に近い値のことを 近似値 という。

2 平方根

□x を 2 乗すると a になるとき，すなわち，$x^2 = a$ であるとき，x を a の 平方根 という。

□正の数の平方根は正，負 の 2 つあり，その 絶対値 は等しい。

|例| 25 の平方根は，5 と −5 である。

□0 の平方根は 0 だけである。

3 重要 平方根の大小

□a，b が正の数のとき，$a < b$ ならば，$\sqrt{a}$ $<$ $\sqrt{b}$

|例| $\sqrt{2}$ と $\sqrt{3}$ の大小は，2 $<$ 3 だから，$\sqrt{2}$ $<$ $\sqrt{3}$

4 有理数と無理数

□分数で表すことができる数を 有理数 ，そうでない数を 無理数 という。

□

数 {
　有理数 {
　　整数 {
　　　正の整数（自然数）
　　　0
　　　負の整数
　　}
　　分数（整数以外の有理数）………… {
　　　有限小数
　　　循環 小数
　　}
　}
　無理数 ……………………………… 循環しない 無限 小数
}

4

2章 平方根

2 根号をふくむ式の計算

教 p.55〜63

1 重要 根号をふくむ式の乗法・除法

□ a, b が正の数のとき，次の式が成り立つ。

$$\sqrt{a} \times \sqrt{b} = \boxed{\sqrt{ab}}, \quad \frac{\sqrt{a}}{\sqrt{b}} = \boxed{\sqrt{\frac{a}{b}}}, \quad a\sqrt{b} = \boxed{\sqrt{a^2 \times b}}$$

□ 分子と分母に同じ数をかけて，分母に根号をふくまない形にすることを，$\boxed{\text{分母を有理化する}}$ という。

$$\left| 例 \right| \frac{\sqrt{2}}{\sqrt{3}} = \frac{\sqrt{2} \times \boxed{\sqrt{3}}}{\sqrt{3} \times \boxed{\sqrt{3}}} = \boxed{\frac{\sqrt{6}}{3}}$$

2 根号をふくむ式の加法・減法

□ 根号をふくむ式の加法と減法は，根号の中が $\boxed{\text{同じ数}}$ のとき計算することができる。

□ 根号の中はできるだけ $\boxed{\text{小さく}}$ して計算する。

□ 分母に根号があるときは，分母を $\boxed{\text{有理化}}$ して計算する。

$$\left| 例 \right| \sqrt{18} - \frac{4}{\sqrt{2}} = 3\sqrt{2} - \frac{4 \times \boxed{\sqrt{2}}}{\sqrt{2} \times \boxed{\sqrt{2}}} = 3\sqrt{2} - \frac{4\sqrt{2}}{2}$$

$$= 3\sqrt{2} - \boxed{2\sqrt{2}} = \boxed{\sqrt{2}}$$

□ 根号をふくむ式の積は，分配法則や $\boxed{\text{乗法公式}}$ を使って計算する。

$$\left| 例 \right| \sqrt{3}(\sqrt{3}+1) = \sqrt{3} \times \boxed{\sqrt{3}} + \sqrt{3} \times \boxed{1}$$

$$= \boxed{3+\sqrt{3}}$$

$$\left| 例 \right| (1+\sqrt{3})^2 = 1^2 + 2 \times 1 \times \boxed{\sqrt{3}} + \boxed{(\sqrt{3})^2}$$

$$= 1 + \boxed{2\sqrt{3}} + \boxed{3}$$

$$= \boxed{4+2\sqrt{3}}$$

5

1 2次方程式

□すべての項を左辺に移項したときに，左辺が x についての2次式，すなわち，a を0でない定数，b，c を定数として，$ax^2+bx+c=0$ の形で表される方程式を，x についての 2次方程式 という。

2 因数分解を使った解き方

□2次方程式を $ax^2+bx+c=0$ の形にしたとき，左辺が因数分解できれば，「$AB=0$ ならば，$A=\boxed{0}$ または $B=\boxed{0}$」を使って，解を求めることができる。

|例| $x^2+5x+6=0$

$(x+2)(x+\boxed{3})=0$

$x+2=0$ または $\boxed{x+3}=0$

よって，$x=\boxed{-2}$，$x=\boxed{-3}$

3 **重要** $ax^2+c=0$ の形の方程式

□$ax^2+c=0$ の形の2次方程式は，$\boxed{x^2=k}$ の形にすると，平方根の考えを使って解くことができる。

|例| $x^2-5=0$

$x^2=\boxed{5}$

$x=\boxed{\pm\sqrt{5}}$

4 $(x+p)^2=q$ の形の方程式

□$(x+p)^2=q$ の $x+p$ を M とおくと，$\boxed{M^2=q}$ となり，平方根の考えを使って解を求めることができる。

教 p.84〜93

1 $(x+p)^2 = q$ **の形に直して解く**

□どんな2次方程式も $\boxed{(x+p)^2 = q}$ の形に直せば，解を求めること

ができる。

|例| $x^2 + 2x - 1 = 0$

$x^2 + 2x = 1$

$x^2 + 2x + \boxed{1}^2 = 1 + \boxed{1}^2$

$(x+1)^2 = 2$

$x + 1 = \boxed{\pm\sqrt{2}}$

$x = \boxed{-1\pm\sqrt{2}}$

2 **重要 2次方程式の解の公式**

□2次方程式 $ax^2 + bx + c = 0$ の解は，次のようになる。

$$x = \boxed{\frac{-b\pm\sqrt{b^2-4ac}}{2a}}$$

|例| $3x^2 - 3x - 1 = 0$

解の公式で，$a=3$，$b=\boxed{-3}$，$c=-1$ の場合だから，

$$x = \frac{-\boxed{(-3)}\pm\sqrt{\boxed{(-3)}^2-4\times3\times(-1)}}{2\times\boxed{3}}$$

$$= \boxed{\frac{3\pm\sqrt{21}}{6}}$$

3 **2次方程式の利用**

□方程式を使って問題を解いたとき，その方程式の解が

$\boxed{問題に適しているかどうか}$ を確かめる必要がある。

教 p.102〜112

1 2乗に比例する関数

□y が x の関数であり，$y=ax^2$ で表せるとき，y は x の

$\boxed{2乗に比例する}$ という。

ただし，a は 0 でない定数で，この a を $\boxed{比例定数}$ という。

2 重要 関数 $y=ax^2$ のグラフ

□関数 $y=ax^2$ のグラフには，次の特徴がある。

❶ $\boxed{原点}$ を通り，$\boxed{y軸}$ について対称な $\boxed{放物線}$ である。

❷ $a>0$ のとき，$\boxed{上}$ に開いている。

$a<0$ のとき，$\boxed{下}$ に開いている。

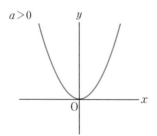
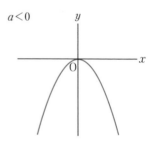

❸ a の絶対値が大きいほど，グラフの開き方は $\boxed{小さい}$ 。

❹ $y=ax^2$ のグラフと $y=-ax^2$ のグラフは，$\boxed{x軸}$ について対称である。

|例| 右の図は，2つの関数

$y=x^2$ と $y=2x^2$ のグラフを，同じ座標軸

を使ってかいたものである。

$y=x^2$ のグラフは $\boxed{イ}$ である。

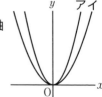

1 関数 $y=ax^2$ の値の変化（$a>0$ のとき）

□ x の値が増加するとき，$x=0$ を境として，

　y の値は 減少 から 増加 に変わる。

□ $x=0$ のとき，$y=0$ となり，これは y の

　最小値 である。

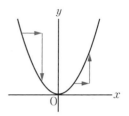

2 関数 $y=ax^2$ の値の変化（$a<0$ のとき）

□ x の値が増加するとき，$x=0$ を境として，

　y の値は 増加 から 減少 に変わる。

□ $x=0$ のとき，$y=0$ となり，これは y の

　最大値 である。

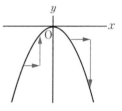

3 ■重要■ 関数 $y=ax^2$ の変化の割合

□（変化の割合）$=\dfrac{（y\,\text{の増加量}）}{（x\,\text{の増加量}）}$ は 一定ではない 。

|例| $y=x^2$ について，

　　x の値が 1 から 2 まで増加するときの変化の割合は，

　　$\dfrac{y\,\text{の増加量}}{x\,\text{の増加量}}=\dfrac{\boxed{4}-\boxed{1}}{\boxed{2}-\boxed{1}}=\boxed{3}$

　　x の値が 3 から 4 まで増加するときの変化の割合は，

　　$\dfrac{y\,\text{の増加量}}{x\,\text{の増加量}}=\dfrac{\boxed{16}-\boxed{9}}{\boxed{4}-\boxed{3}}=\boxed{7}$

4 平均の速さ

□ 物が落下するときの関数 $y=4.9x^2$ の変化の割合は 一定ではなく ，

　物が落下するときの 平均の速さ を表している。

教 p.140〜150

1 相似な図形の性質

□❶　相似な図形では，対応する │ 線分の長さの比 │ はすべて等しい。

□❷　相似な図形では，対応する │ 角の大きさ │ はそれぞれ等しい。

2 重要 三角形の相似条件

□ 2つの三角形は，次のどれか1つが成り立てば相似である。

❶　│ 3組の辺の比 │ がすべて等しい。

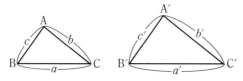

$a : a' = b : \boxed{b'} = \boxed{c} : c'$

❷　│ 2組の辺の比 │ と │ その間の角 │ がそれぞれ等しい。

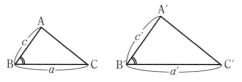

$a : a' = c : \boxed{c'}$, ∠B = ∠ $\boxed{B'}$

❸　│ 2組の角 │ がそれぞれ等しい。

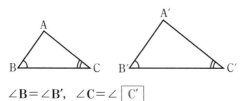

∠B = ∠B′, ∠C = ∠ $\boxed{C'}$

5章 相似な図形

1 相似な図形
2 平行線と相似

教 p.151～167

1 誤差と有効数字

□(誤差)＝(近似値)－(真の値)

□近似値を表す数で，信頼できる数字を 有効数字 という。

2 重要 平行線と線分の比

□△ABC の辺 AB，AC 上の点をそれぞれ P，Q とするとき，

❶ PQ∥BC ならば，

$$AP : AB = AQ : \boxed{AC} = \boxed{PQ} : BC$$

❷ PQ∥BC ならば， AP : PB = AQ : $\boxed{QC}$

3 平行線で区切られた線分の比

□平行な 3 つの直線 ℓ，m，n に，2 つの直線 p，q が交わっているとき，次のことが成り立つ。

$$a : b = \boxed{a'} : \boxed{b'}$$

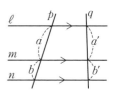

4 線分の比と平行線

□△ABC の辺 AB，AC 上の点をそれぞれ P，Q とするとき，

❶ AP : AB = AQ : AC ならば， $\boxed{PQ∥BC}$

❷ AP : PB = AQ : $\boxed{QC}$ ならば， PQ∥BC

5 中点連結定理

□△ABC の辺 AB，AC の中点をそれぞれ M，N とするとき，

$$MN∥\boxed{BC}, \quad MN = \boxed{\frac{1}{2}} BC$$

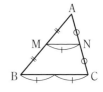

1 重要 相似な図形の面積比

□相似な図形の面積比は，相似比の $\boxed{2 乗}$ に等しい。

すなわち，相似比が $m:n$ ならば，面積比は $\boxed{m^2}$ ： $\boxed{n^2}$ となる。

|例| 相似比が $2:3$ の相似な 2 つの図形 F，G があって，F の面積
が $40\ \mathrm{cm}^2$ のとき，G の面積を $x\ \mathrm{cm}^2$ とすると，

$$40:x=\boxed{2}^2:\boxed{3}^2$$

これを解くと，$4x=40\times9$

$$x=\boxed{90}$$

2 相似な立体

□相似な立体では，対応する $\boxed{線分の長さの比}$ はすべて等しく，この比を $\boxed{相似比}$ という。

□相似な立体では，対応する $\boxed{角の大きさ}$ はそれぞれ等しい。

3 相似な立体の表面積比と体積比

□❶ 相似な立体の表面積比は，相似比の $\boxed{2 乗}$ に等しい。

❷ 相似な立体の体積比は，相似比の $\boxed{3 乗}$ に等しい。

すなわち，相似比が $m:n$ ならば，

表面積比は $\boxed{m^2}$ ： $\boxed{n^2}$，体積比は $\boxed{m^3}$ ： $\boxed{n^3}$ となる。

|例| 相似比が $2:3$ の相似な 2 つの立体 F，G があって，F の体積
が $16\ \mathrm{cm}^3$ のとき，G の体積を $y\ \mathrm{cm}^3$ とすると，

$$16:y=\boxed{2}^3:\boxed{3}^3$$

これを解くと，$8y=16\times27$

$$y=\boxed{54}$$

1 [重要] 円周角の定理

□❶ 1つの弧に対する円周角は，その弧に対する
中心角の 半分 である。

$$\angle APB = \boxed{\dfrac{1}{2}} \angle AOB$$

□❷ 1つの弧に対する円周角はすべて 等しい 。

$$\angle APB = \angle AQB$$

□※半円の弧に対する円周角は 90 °である。

2 弧と円周角

□ 1つの円において，

❶ 等しい弧に対する 円周角 は等しい。

❷ 等しい円周角に対する 弧 は等しい。

3 円周角の定理の逆

□ 2点 P，Q が直線 AB について同じ側にある
とき，

$$\angle APB = \angle AQB$$

ならば，4点 A，P，Q，B は 1つの円周上
にある。

4 円の接線

□円の外部にある1点から，この円に引いた2本の接線の長さは
等しい 。

13

1 重要 三平方の定理

□直角三角形の直角をはさむ 2 辺の長さを

a, b, 斜辺の長さを c とすると,

次の関係が成り立つ。

$a^2 + \boxed{b^2} = \boxed{c^2}$

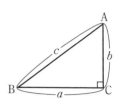

|例| 右の図の斜辺の長さを x cm とすると,

$$4^2 + \boxed{3}^2 = x^2$$

$$x^2 = 25$$

$x > \boxed{0}$ であるから,

$$x = \boxed{5}$$

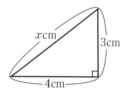

2 三平方の定理の逆

□△ABC で, 3 辺の長さ a, b, c の間に

$$a^2 + b^2 = c^2$$

の関係が成り立てば, ∠C = $\boxed{90}$ °である。

|例| 3 辺の長さが 1 cm, 2 cm, $\sqrt{5}$ cm で

ある三角形が, 直角三角形といえるかどうかを調べる。

この三角形の 3 辺のうち, もっとも長い $\boxed{\sqrt{5}}$ cm の辺を c

とし, 1 cm, $\boxed{2}$ cm の辺を, それぞれ a, b とする。このとき,

$$a^2 + b^2 = 1^2 + \boxed{2}^2 = 5$$

$$c^2 = \boxed{\sqrt{5}}^2 = \boxed{5}$$

だから, $a^2 + b^2 = c^2$ という関係が成り立つので,

この三角形は直角三角形と $\boxed{いえる}$ 。

7章 三平方の定理

2 三平方の定理の利用

教 p.210〜221

1 正三角形の高さ

□正三角形 ABC の高さは，点 A から辺 BC に 垂線 を引き，直角三角形をつくって三平方の定理を使う。

2 重要 三角定規の 3 辺の長さの比

□直角二等辺三角形

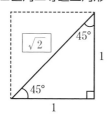

□60°の角をもつ直角三角形

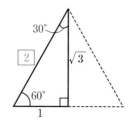

3 2 点間の距離

□2 点を結ぶ線分を 斜辺 とし，x 軸，y 軸にそれぞれ平行な 2 つの辺をもつ直角三角形をつくり，三平方の定理を使う。

4 直方体の対角線

□右の図のような 3 辺の長さが a，b，c の直方体の対角線 AG の長さを求める。

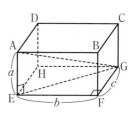

$$AG^2 = AE^2 + EG^2$$

$$EG^2 = EF^2 + FG^2$$

から，$AG^2 = AE^2 + EF^2 + \boxed{FG}^2$

$$= a^2 + b^2 + \boxed{c}^2$$

$AG > 0$ であるから，$AG = \sqrt{\boxed{a^2 + b^2 + c^2}}$

15

教 p.230〜238

1 全数調査と標本調査

□対象となる集団のすべてのものについて行う調査を 全数調査 ，

対象となる集団の中から一部を取り出して調べ，もとの集団全体の
傾向を推測する調査を 標本調査 という。

2 **重要** 標本調査

□標本調査を行うとき，調査する対象となるもとの集団を 母集団

といい，母集団から取り出した一部分を 標本 またはサンプルと

いう。また，母集団から標本を取り出すことを標本の 抽出 とい

い，標本から母集団の性質を推測することを 推定 という。

□標本調査の抽出方法の1つに，標本が母集団の性質をよく表すよう

に，かたよりなく抽出する 無作為抽出 という方法がある。

3 標本平均と母平均

□標本の平均値を 標本平均 といい，母集団の平均値を 母平均 と

いう。

4 標本の大きさ

□標本の大きさが大きいほど，標本平均は母平均に 近い値 をとる

ことが多くなり，母集団の傾向を推定しやすくなる。

5 標本調査の利用

□標本調査の考え方を利用すると，母集団の総数や分布のしかたを

推定 することができる。

　　　　　　　　　　　　　　　　学校図書版・中学数学3年